料理人生
紀念版

生命與味覺

いのちと味覚

辰巳芳子 著

陳心慧 譯

積木文化

目錄

第四章

序言　現年九十二歲的我，一定要讓大家知道的事

二〇一六年十二月，我九十二歲了。

為什麼我可以活到現在呢？戰爭時發生了許多就算丟掉性命也不足為奇的事。在九十發的燒夷彈雨中，我奇蹟似地生存了下來。我在二十五歲前後得到肺結核，超過四十歲之後才好不容易能從床上起身。沒想到，當時我手裡剩下的只有料理。

老實說，我原本不喜歡料理，也不希望靠著料理維生。然而，之所以有現在的我，除了要感謝父母和祖先之外，還有我的恩師以及因為料理而串連在一起的所有人。

很幸運地，有許多人跟我說：「我是靠著那碗湯得救的。」實際上，有人僅靠

糙米湯活了三年，有人因為香菇湯減輕了抗癌藥物的副作用而得到舒緩，也有人用蔬菜湯與丈夫的胃癌抗戰……。原本是為了照護父親而製作的湯品幫助了許多人，也讓我活出自我。

我想要在這一本小書裡，寫下活到九十二歲的我一定要讓大家知道的事。

人為什麼一定要吃東西？

首先讓我們一起思考：

「人為什麼不吃東西就活不下去？」

認為這是理所當然之事的人，是否僅從自明之理來思考，而無法看到事物的本質呢？

原本不喜歡料理的我，想要朝著教育學或心理學的道路邁進。過了四十歲，決定成為一名料理家，但面對每天有如重複「疊高再推倒」的廚房工作，總有一種不滿足的情緒。

有時間做菜不如讀本書，或是學點東西。做菜、吃飯、收拾，為了說服連這點時間都感到可惜的自己，我必須找出「人為什麼要吃東西」的答案。

思考到最後，我得出的結論是：

「吃東西就等同呼吸，包含在**生命的結構**之中」。

這樣的想法減輕了每天料理食物時我內心的糾葛。然而，我並不了解這個結構本身。雖然做的事情與「食」相關，但無法了解這個結構，心中總還是難以接受。

「吃東西」是生命的刷新

就這樣過了十數年，湊巧讀到一本書，讓我有豁然開朗的感覺。那就是分子生物學家福岡伸一教授的著作《已經可以放心吃牛了嗎？》。

牛本來是草食性動物，吃牧草維生。因為人類自身的考量而被餵食肉骨粉等動物性飼料，也因此才會出現狂牛病（ＢＳＥ）。福岡教授為了追究ＢＳＥ問題的根源，注意到為逃離納粹而從德國前往美國的猶太裔德國科學家魯道夫．舍恩海默（Rudolf Schoenheimer）提出的學說，以科學的方式分析吃東西的意義和結構。

舍恩海默利用氮的重同位素（重氮）為標記，找出吃進去的東西被運到身體的什麼地方，又發生什麼變化。根據他的發現，吃東西不僅為身體注入能量，**以分子層面而言，吃進去的東西會與身體進行交換**。

人的身體只要三個月，就會替換成吃進去的東西。

這對一直希望了解生命結構的我而言，不僅有豁然開朗的感覺，也讓我放下心來。一日三餐，三百六十五日。如果說每一餐都是生命的刷新，**那麼我們就必須吃**。這成為我每天站在廚房工作最大的鼓舞。

之後我曾多次有機會與福岡教授見面，他都用科學的解釋和基礎的用語告訴我「食」的本質。

舍恩海默的發現代表食物不僅是單純的能量來源，食物的分子會逐漸變成我們身體的一部分。

多數人認為吃東西是為了補充能量，只要熱量高就可以了。然而，這樣的想法沒有看到食物的根本。

不僅是人類，所有的生物都必須吃東西才能生存；也就是說，如果不將其他的生命當做維持自己生命的**手段**之一，則無法生存。

認識這樣的法則和生命的根本，想必對「食」會有不同於過去的看法。

順應風土而食

生命藉由「食」與其他生命相接。那麼，我們應該怎麼吃呢？

答案非常簡單。

讓生存變得容易而食，也就是**順應風土而食**。

說得更具體一點吧。你的生命與你出生的風土有著密不可分的關係。這個風土當中，我們的祖先冒著生命的危險，吃了許多東西。人類蒐集並分析這個實驗的龐大資料，分類成「可以吃的東西」和「不可吃的東西」。民族歷經千辛萬苦所誕生有關「食」的積累和統計，我們稱之為「飲食文化」。

無論哪個民族，都有誕生於生存之道上的飲食文化：米、高湯、發酵調味料，還有就是吃當令食物。

如同春天的時候吃春天出產的東西有助於人體代謝一般，享用季節的恩惠和風土的慈愛，是讓生存變得容易的最好方式。

食物必須美味

慢慢品嘗食物，如此就會感受到美味，這就是經營生命的根源。這個有害、那個有養分等，人類一直以來就是如此做出區分，而區分的起點就是美味。因此無論如何，食物必須美味。

然而，現在有愈來愈多的人吃不出味道。

擔任聖路加國際醫院副院長的細谷亮太醫師曾說：「工作愈忙碌的人愈沒有時間料理美味的食物。吃洋芋片和可樂度日，想必這就是現實。」

有人認為，擁有過敏體質的嬰兒之所以增加，就是因為化學調味料等添加物的副作用。實際上，受日本紅十字看護大學之邀在公開講座演講時，當我詢問在座男女約六百名聽眾：「自己熬高湯的人請舉手」，舉手的至多二十人。

在世界各種湯品之中，日本高湯的熬煮方式非常簡單，且能夠恰到好處地讓血液維持在一個良好的狀態。處於日本這種濕度高的地理條件中，高湯扮演的角色非常重大，但若沒有自己熬煮，則不會了解其價值。聽說很多人因為飲食不均衡造成鋅攝取量不足，導致味覺障礙。

簡單、方便的料理和飲食沒有辦法保護我們的生命，這想必是包括ＮＨＫ在內，所有烹飪節目的功過。

攝取好的食物，將會**確實轉換成生命**。生命本身比你想像地要求更好，請大家千萬不要忘了這一點。

日本鯷魚與地球暖化

然而很可惜地，地球和社會環境現正朝著不容易生存的方向前進。

例如香川縣伊吹島，最近完全捕不到日本鯷魚——美味魚乾高湯的原料，原因據說是做為日本鯷魚食物來源的植物性浮游生物減少。

二〇一〇年，英國的科學雜誌《自然》曾刊登一篇論文，內容提到植物性浮游生物的減少恐怕會造成海洋食物鏈的崩壞。植物性浮游生物每年減少百分之一，據說比起一九五〇年，減少了百分之四十。最大的原因是地球暖化。浮游生物消失，吃浮游生物維生的小魚隨之消失，也就捕不到吃小魚維生的中型魚和大型魚。

從夏天的暑熱可以親身感受地球暖化的威力。日本的夏天愈來愈難度過。在我還是孩子時，情況並非如此，要過了七月中才會真正感受到暑熱，八月盂蘭盆節過後就會舒緩很多。然而近年來，六月十日左右過後就非常炎熱，而且一直持續到九月之後。另外還有過去不曾經歷的集中性暴雨。維持與過去相同的飲食已經無法度過夏日。

一位韓國人曾經如此對我說：

「日本人的飲食順應季節，但我們不同。我們的飲食方式是**迎擊**季節。」

現在或許進入了不採取這種飲食方式就很難生存的時代。

貝類不再發出聲響

不僅地球暖化，從貝類也可以一清二楚地看到海洋的汙染。昭和三十多年（一九五五年起）為止，蛤蜊的產量可謂驚人。突然間卻捕不到蛤蜊，且再也聽不到蛤蜊發出的聲響。大家知道蛤蜊和蜆都會發出聲響嗎？蛤蜊和蜆在呼吸時會發出好像老鼠一般吱吱的可愛叫聲。但最近已經聽不到了。

因為貝類不會動，就算海洋受到汙染也束手無策。核能的問題不用說，包括輻射在內的環境汙染問題嚴重。吃的東西、能吃的東西、吃了也無妨的東西已經愈來愈少，政府卻沒有提出有效的對策。

以前有一次我在洗紅豆時，手和後背出現一種無法言喻的發癢感覺。確認之後才發現，那是經過基因改造的進口紅豆。順道一提，對日本人而言不可或缺的大豆，自給率僅占總量的百分之七。除了油之外的食用大豆占百分之二十五，以卡路里為單位計算的話，食糧自給率僅百分之三十九（二〇一五年農林水產省）。

據說養一頭牛需要二萬噸的水。如果考慮到地球逐漸沙漠化，想必接下來的時代日益需要仰賴豆類。

不僅環境問題，看看每個人的生活模式，首先會發現孩子們不吃早餐，年輕人和孕婦也沒有好好吃飯。還有學校的營養午餐，無論花了多少經費改善設施和設備，還是沒有好好地熬煮高湯，重要的骨頭成分也沒有加進營養午餐內。食物距離「守護並培育生命」的根源愈來愈遠。想吃也沒得吃，貧窮也是另一個嚴重的社會問題。

正因為現在是不容易生存的年代，才更希望大家能夠好好吃東西。我希望你們能夠成為**過著容易生存生活的人**。

容易生存的五大重點

為此，下面舉出五大重點。

① 擁有敬畏之心

首先我想告訴大家的是擁有敬畏之心。

關於「敬畏」這個詞彙，哲學家鷲田清一先生在專欄引用遠藤周作先生所說的「年輕人不知道敬畏與畏懼的不同」，更進一步說明如下。

與其說是年輕人的問題，我認為更應該說是時代的問題。「畏懼」指的是在強大的力量面前感到膽怯、退縮；「敬畏」指的是遭遇遠遠凌駕於自己之上的事物而感到震撼、恐懼。人類不知道從什麼時候開始，拒絕將自己置身於超越自己的事物所做出的審判前。但也因此對自己的要求不再那麼嚴格。（二〇一七年二月三日《朝日新聞》朝刊〈季節語錄〉）

詞彙非常重要，如果不再使用「敬畏」這個詞彙，那麼就連這個詞彙的概念和態度都會失去。正如鷲田先生所說，敬畏的對象是遠超過自己的事物，面對的態度不是「膽怯、退縮」，而是「鎮靜心靈、尊敬這個事物」。現在這個時代似乎逐漸遺忘了敬畏之心，尤其是對食物的敬畏之心。

擁有敬畏之心這件事要如何與飲食和生存連結呢？第一章會有詳細說明。

②磨練感應力

容易生存和不易生存。追根究柢，我認為分出高下的原因在於感應力。

也許不是大家習慣的詞彙，但「感覺」和「感應」不同。感覺指的是「透過感覺器官的刺激得到資訊」，感應指的是「受到外界的刺激，心靈得到深刻的感動」。僅是看和聽與累積感應，兩者之間對於生命存在的方式大不相同。

現在的社會是否有在培養感應力呢？無法感應的人，當然也無法感覺美味。料理的好處之一，就是能夠磨練感應力。

真的是這樣嗎？也許有人感到質疑。其實自然而然，只要持續認真面對屬於季節恩惠的食材，就能磨練感應力。如此一來，等到要用的時候，就知道該怎麼做了；也就是說，生存會變得容易。我在東日本大地震之後也如此深刻感受。然而，在現在對錯式教育體制之下，很難磨練感應力。關於這一點，第二章會有詳細說明。

③培養直覺

感應力是面對外來的刺激而行動的能力，累積這樣的經驗，就能培養出新的能力。與其說是新的能力，更應該說好像是手腳一般的能力。

那能力就是直覺（直觀）。

我們會分析並分類我們的感覺和經驗，將其收進「經驗的檔案夾」裡。在面臨困難和危機時，能夠根據需要，瞬間從這個檔案夾裡抽出對應之策，這個能力就是直覺，也可說是「靈感」。

我的母親辰巳濱子是個充滿靈感的人。捏壽司時可以毫無困難地捏出剛好符合客人嘴巴大小的壽司；只要看到蔬菜，馬上就知道蔬菜希望被以什麼方式料理。

我雖然與母親不同，但靈感偶爾也會找上門。說不上來，但我就是**知道**。我也因此改善了許多事。

有一位名叫中村勝宏的廚師，在二〇〇八年洞爺湖高峰會議時擔任總主廚，現在是大都會埃德蒙特飯店的名譽總主廚。中村先生對於我在日本製作生火腿一事讚譽有加，那是當鎌倉的風輕輕拂過我的臉龐時閃過的直覺：「如果是這裡的話，可以做出生火腿。」

感應力的根基也許就是直覺。人生在世，如果遇到不如意的事，還是有必要依靠直覺面對。

④緊要關頭起身迎擊

說到不如意，沒有比戰爭更不如意的事，因為那會讓人失去**一切**。失去的時候，是一口氣全部失去，所有的一切。這是絕不允許發生的事，人生從此天翻地覆：國際情勢的惡化、全球規模的環境問題和糧食危機。

我在七十歲時，有感於日本當地食材逐漸消失的危機，因此創立了「傳遞優良食材會」。八十歲時，以大豆立國為目標，發起了「大豆１００粒運動」。

無論是個人層級或是國家層級，緊要關頭起身迎擊，僅有這樣的決心還不夠，還必須有準備。為了因應緊要關頭，必須記得從身邊的食材充分攝取足夠的營養。關於這一點，留待第四章說明。

⑤培養仁慈之心

最後想告訴大家的是仁慈。大家也許會覺得這是一件很平凡的事，但最終還是回歸到這一點。

我之所以開始製作湯品，是因為我用湯品與父親的病打交道長達八年，當時的經驗成為我的基礎。我用纖維粗、不容易吞食的青菜做成湯品，這樣就可以大量攝取。就算無法外出，但一碗湯就可以納入季節的香氣，不僅救了父親，也救了我。

現在，我在教人煮湯時經常告訴大家，希望大家能夠為喝湯的人著想，看到湯品熱氣的另一端所蘊含的仁慈之心。仁慈的基礎來自於「深入生命的程度」。

關於以上五種態度，將在接下來的章節仔細說明。

還請大家細細咀嚼我在此所說的話，還請大家為了容易生存而食，為了容易生存而生活。

因為你的生命不僅是你自己的。

第一章

擁有敬畏之心

懂得品嘗
風土慈愛和當令美味

敬畏的根基

「為了容易生存而食」，首先請一起思考「擁有敬畏之心」。

上智大學神學部教授竹內修一先生引用西行的短歌：「不知誰人在，誠惶誠恐淚滿面」，解釋「敬畏」指的是「面對遠超過人類的力量，產生尊敬之念」。與害怕的「畏懼」不同，是以正面肯定的態度看待。

我現在對逐漸失去這樣的態度而感到不安。竹內教授又說，透過敬畏，人才能夠知本分，謹言慎行。「畏」字本身就含有「謹慎」的意思。

如果失去這樣的態度，那麼能夠依靠的就只有自己，就會變成個人主義，這也許有一天會讓我們吃大虧。

在「食」的領域裡，也需要有一顆敬畏之心。

「吃東西」代表的是領受其他的生命，這一點是應該心懷敬畏的根基。不僅是肉，蛋、種子、芽、蕾等，這些全部都是**生命的前端**。吃下這些東西，代表什麼意義呢？

生命藉由吃與被吃與其他生命連結。思考其他的生命等同思考自己的生命。人如果失去敬畏之心，便會難以生存。看不到生命的連結，就會變成一盤散沙。

那麼，到底應該對什麼懷有敬畏之心呢？

我認為是風土。

我在序章中提到，讓生存變得容易而食，也就是順應風土而食。為了讓大家更了解這一點，以下引用竹內教授的文章。

每一種風土都有各自的香氣、光輝以及味道。「食」就在風土之中孕育而生。在此生活的生命，說是由風土養育也不為過。（竹內修一〈生命的視角和食的定位〉）

當今食材是由風土孕育而成，人也相同，兩者可說都是「風土的愛子」。

因此，兩者的關係不即不離，若分離，則無法成就生命。

外甥願意花三千圓吃油菜花蓋飯

日本風土的特色是擁有分明的四季。日本人過去不是以春夏秋冬區別季節的恩惠，而是每十日左右一換的「食材輪替」，這就是所謂的「旬」。必須特別留意的是當令的野生食材和山裡的食材。

例如，春天是各種生命萌芽的季節。從早春的蜂斗菜花苞開始，鴨兒芹、芹菜、魁蒿、薺菜、嫁菜，一直到晚春的筍子、蜂斗菜。

不僅當令食材，現在許多人的餐桌上就連四季也消失了。超市一年到頭擺放的是溫室栽種的番茄、小黃瓜、萵苣以及進口的花椰菜。就算超市擺放當令食材，許多人因為不知道該怎麼處理而不買，真的非常可惜。

我的外甥有一陣子寄住我家。他是所謂的企業戰士，沒日沒夜地工作，每天回家累到甚至沒有力氣說話，經常癱坐在沙發上。

春天的某一日，我做了油菜花蓋飯給疲累沒有生氣的外甥。他默默開始吃，吃到一半時突然說：「阿姨，好好吃。我願意花三千圓買這碗蓋飯。」他的臉頰明顯紅潤起來，也找回開朗的表情。從那天起他就好像洪水決堤一般，滔滔不絕地訴說當天發生的事。

這個時期正準備開花的油菜花對消除疲勞非常有效，料理的方式也非常簡單。在院子裡種油菜花，趁著煮飯的時候摘取，摘下觸摸時會發出啾啾聲響的花莖和葉子做成蓋飯。

放上新鮮油菜花的油菜花蓋飯

如果是店裡賣的油菜花，那麼泡水兩小時左右，就可以恢復油菜花的活力。水份瀝乾後用布包起來，將水份擦乾。

將油菜花放入未預熱的平底鍋裡，淋上橄欖油後開火，加少許鹽巴拌炒，再依序加入酒和品質好的醬油，在鍋底還留有少許醬汁時關火，連同醬汁一起放在剛煮好的白飯上。

花苞是生命的尖端，花苞含有的開花激素為人體從根基注入能量。春盛的一個月持續吃剛摘取的花苞，既可保持元氣，也能帶走身體的煩躁，當然會受到因為工作繁忙而忘了季節的人喜愛。當令食物會讓人感到**生命的反應**，這就是美味的基本。

敬畏就是對季節恩惠感到慈愛的心情。這樣的心情能夠調整身體的結構，使得生存更容易，與滋養生命息息相關。

如何處理當令食材

大家不要忘記，味道的結構就是我們身體的結構。

我家的庭院種了上百種能吃的果樹、野草、蔬菜，許多都是母親種下的。避難的時候，比起人，母親更先轉移這些苗。

很久很久以前，《萬葉集》時代的人之所以摘草，想必是直覺認為自然的變化和人類的生理代謝就像車子的兩個車輪，缺一不可。為了容易生存而食，必須隨時判斷這兩個車輪有沒有脫軌。請大家不要忘記，時令是為了讓人對生命懷有敬畏和慈愛之念而存在。

處理當令食材時，從摘取開始就必須特別留意。摘取之後清洗乾淨，泡水等待食材恢復元氣之後再汆燙。

同樣是汆燙，有些食材只要加鹽，有些要用鹼水，也有些要用米糠或油，各不相同。火的大小也必須配合汆燙的方式調整。

山形縣的蝦夷蔥可以生吃，但快速汆燙後加橄欖油拌勻製成沙拉，美味無法取代，我在春天時每天都會吃。汆燙的程度大概是一或兩次呼吸的時間。當令的野生食材最需要細心處理。

我想讓孩子們去摘這些野草，切碎之後放進沾醬裡，教他們許多使用的方法，這才是真正的教育。因為日本人是能夠體會香氣和汆燙程度的民族。

健太的挑戰

我於二〇一六年出版了《向蔬菜學習》一書。正如書中〈後記〉所寫，希望大家特別注意「向蔬菜」的「向」字。人類有許多可以**向**蔬菜學習的地方。

出版這本書之後，發生了一件開心的事。我收到一位名叫健太的小學六年級男生寫來的信。信中健太寫道他看了我的書，嘗試製作書中的蒸炒高麗菜，結果非常美味。

據說是他的父親將書放在客廳的桌上，健太剛好看到所以試著做了這道菜。信中還寫道因為這道菜很好吃，所以他下次想挑戰雞肉鬆。剛好有機會見到健太，我問他：「結果如何呢？」他回答道：「手好痠。」

我的雞肉鬆食譜是用雞絞肉加上薑汁、酒、砂糖、醬油、鹽，以及幾乎和調味料等量的水拌勻後開火加熱，之後用五根筷子不斷地拌炒，直到醬汁只剩一點點為止。因此炒出來的肉非常鬆軟。

手的確會很瘦，但口感與乾柴的雞肉鬆完全不同，相信這一點健太也實際感受到了。用手操作、用眼睛記憶、用舌頭品嘗、用身體感受變化。為了節省手續和時間，一下子就將絞肉放進熱的平底鍋內加調味料拌炒，這樣的雞肉鬆和我的雞肉鬆味道天差地遠。

根據食材，確實做好每一個應有的步驟，這不正是創造美味嗎？

僅用腦也無法培養敬畏之心，活動手腳和五感也是非常重要的事。事物可以藉由與其他事物的調和而生，而人類沒有事物則無法生存。由於我長年居住在山腳下，這樣的實際感受刻骨銘心。我認為只要培養對事物或食材的敬畏之心，對自然和宇宙的態度也會隨之改變。

不可放棄米、高湯、發酵調味料

日本有三樣足以向全世界自豪的食物：米、高湯、發酵調味料。這三樣食物出自風土，是先人的營生和智慧所孕育出的食材，無可取代。

米要選擇有機無農藥，且由可信任的生產者盡心竭力栽種的米。我都訂購由新潟縣的貝沼純先生，或青森縣福士武造先生栽種的有機無農藥米，兩者的味道都有說不出的深度和力量。稻作擔負的是儲蓄國家水源、保護生態的重要使命。

高湯蘊含的是這個環海國家的歷史。

昆布原本是北方人的食材，阿伊努人在燙青菜時會加入昆布代替鹽，創造出**舒心的口感**。

另一方面，有史之前就已經可以捕獲許多鰹魚。將吃不完的鰹魚煮熟後放在木頭上晾乾，或是放在火爐旁烘乾，如此一來便可以保存。而且因為長黴，更能提升香氣與保存效果。不知何時、何人，嘗試將乾燥的鰹魚削成薄片放入水裡。對於先人的感謝無法言喻。

能夠保存之後，掌權者便開始囤積，成為財富的象徵。

有許多例子顯示日本人與鰹魚的關係密不可分。例如自古以來，神社屋簷上都有木製的裝飾，由於形狀與鰹魚乾類似，因此這種裝飾又稱作鰹木。

至於昆布，根據《延喜式》的記載，自古以來就是獻給宮廷的貢品。現在好的昆布和鰹魚乾非常珍貴，而我製作的第一道高湯，就能夠確實攝取昆布的滋養。高級料亭大多以短時間加熱後便將昆布撈起來，但我不這麼做。在熬煮第一道高湯時，我會先將昆布泡水約一小時，開稍強的中火，等到昆布開始晃動時轉小火。

就算昆布周圍開始冒泡，昆布也開始晃動，但還不要加入鰹魚片。千萬不要讓水沸騰，靜靜地一邊熬煮一邊嘗味道，盡量帶出昆布的滋養和鮮味。等到覺得時機成熟後撈起昆布，加入少量的水降溫，再將鰹魚片均勻放入，五次呼吸後一口氣過濾。要精準判斷「再煮下去就會出現昆布惱人味道」的時間點，關於這一點，下一章討論感應力時會再提及（材料的分量請參照二〇五頁）。

味噌、醬油、醋、味醂等發酵調味料，是日本這個國家溫暖和濕潤氣候下的產物，藉由添加獨特的鮮味，不知道帶給我們多少舒心的滋味。由於西洋沒有高湯和發酵調味料，因此總會使用許多的鹽和油。如果只加鹽，會帶給舌頭不舒服的刺激，因此需要油舒緩。歐洲與其相當的食材可能只有生火腿。

天然釀造的味噌和醬油愈來愈少。有些加了防腐劑和化學調味料等許多添加物，購買時一定要確認原材料，挑選沒有多餘添加物的純正產品。關於這一點，本章最後會再說明。

引導我的兩本書

稍微延伸至另一個話題，下面介紹兩本救了我的書。

如〈序言〉提及的，我在過了四十歲之後好不容易脫離病床，雖說終於逐漸恢復正常生活，但回過神來才發現，眼前幾乎沒有剩下什麼路供我選擇。過去立志追求的教育學和心理學已經離我遠去，唯一剩下的只有料理。

與母親辰巳濱子不同，我原本並不喜歡料理。選擇食材、購買、備料、烹調，相較於花費在這些過程的時間與勞力，吃的時間顯得太渺小。而且，一日三餐，一年三百六十五日，我實在很難跨越這樣的矛盾。

「人為什麼一定要吃東西？」

如果無法明白這個問題，那麼不僅無法鼓勵他人，自己也振奮不起來。

「吃東西就等同於呼吸，包含在生命的結構之中。」

隨著這個直覺性的答案踏出邁向料理之路的第一步時，為我指引方向的是世阿彌的《風姿花傳》和道元的《典座教訓》二書。

十五世紀初完成的著作《風姿花傳》，是世阿彌根據自己的體驗，寫下父親觀阿彌的教誨。正因為是將發出聲音和活動身體做到極限的人，才能用「不空洞的詞藻」掌握事情的本質。

《風姿花傳》並非闡述概念或精神論，從「七歲的孩子應該如何練習」等具體的事物開始進入，這也是世阿彌才有可能做到的縝密架構。

「勤加練習，熟能生巧。」

在這個不動手只動口的年代，這句話現在依舊帶給我很大的鼓勵。

另一本書是《典座教訓》。大家知道這是關於什麼的書嗎？「典座」指的是禪宗當中負責「食」之重任的僧侶。《典座教訓》詳細記載典座應盡的職責。

道元是在前往中國時，遇到在僧院裡曬香菇的老僧侶，進而意識到「典座」這個職位有多麼地重要。道元問老僧侶：「比起坐禪和佛法的議論，以食物的準備為優先有什麼益處嗎？」老僧侶大笑回答道：「你還不明白什麼是修行。」

不將典座——也就是料理——當做煩人的雜務，而視之為修行的「本務」，闡述用心做到「即今只今」，即是邁向開悟之道，放下自我，與事物成為一體。道元以如此「物我一如」的境界當做料理的本質，為有如堆沙堡再推倒的廚房工作帶來光明。對於我而言，現在也沒有失去這道光芒。

希望大家也能讀一讀這本書。推薦附有臨濟宗妙心寺派僧侶秋月龍珉氏解說的《解讀道元禪師的典座教訓》。

之後我又遇到福岡伸一教授的著作，這一點如前所述。我深深體會，宗教與科學走到最後其實是相同的道理。

廚房工作是奉養生命的工作

「食」在基督教代表重要的意義。然而，雖然重視製作食物，卻很少實際製作食物。

首先看到位於北海道的特拉比斯修道院。這是天主教修道會分支嚴規熙篤隱修會的修道院。

日本的特拉比斯修道院於一八九一年（明治二十四年）於函館教區成立，從一九二〇年開始製作奶油。學習基督的模範，以謙遜和順從為戒律的根本精神，除了重視閱讀包括《聖經》在內的各種書籍和祈禱之外，也重視勞動。勞動當中又最看重製作食物，根據中世紀法國熙篤隱修會的傳統製法，生產充滿發酵熟成香氣和容易消化的特拉比斯奶油和特拉比斯修道院餅乾，最近還開始製作霜淇淋。

此外，一九二一年由羽仁元子和羽仁吉一夫妻創立的自由學園，以基督教為基礎，實施培育「真正自由人」的一貫教育。耕土、下田種植作物，午餐也是由學生輪流製作。以「思考、生活、祈禱」為理念，無論烹調或是品嘗，都是學習的機會。

料理必須隨著食材，做到無雜念。如此一來，自然而然地可以達到**自我沉靜**，也可以逐漸明白事物與人是同等的存在，培育出敬畏之念。

正因為廚房工作是對生命的體恤，同時也是奉養生命的工作，製作食物這件事才能超越宗教，受到重視。

將欲望放在正確的方向

擁有敬畏之心不僅限於食的問題。下面以更宏觀的角度探討這個問題，還請大家一聽。

如同竹內教授所說，敬畏就是知道謹慎，我認為也就是知道自己分際的態度。從十數年前起，無論世界或日本，幾乎都進入了生存不易的時代。地球規模的環境問題、國際情勢、糧食及能源危機、貧困問題、個人的精神性問題……。雖然在東日本大地震之前就注意到核能問題，但實際上發生意外，讓我們的生存變得更不容易。國際情勢也是一刻不容鬆懈。

我認為現代各種問題的根本在於個人、共同體以及國家**欠缺敬畏之心**，將各自的欲望放在錯誤的方向上，造成各種問題。

擁有欲望聽起來有些自私；然而，擁有欲望並非壞事。問題出在將欲望放在錯誤的方向上。

根據竹內教授所說，當欲望達成時的喜悅不僅是自己，也是周遭人的喜悅時，那麼就是「共同福祉」。只要確實設定以共同福祉為目標的方向，那麼擁有欲望反而是好事。

請用漢字書寫「happiness」。大部分的人想必都會寫作「幸福」。然而，日文還有另一種寫法：「仕合」，代表相互事奉。竹內教授的說明如下：

「仕合」的含意深遠。一個人無法成就自己的幸福。自己的幸福是在人與人之間的共鳴、共生，或是互助的延長線上。如果以同樣的方式看待欲望，那麼是一件賦予我們充沛能量的事。

如果沒有敬畏之心，就算將欲望放在正確的方向上，想必也無法達到「仕合」的境界。

「料理是人類最有創意的活動之一」

某個雜誌的企劃讓我有機會向福岡教授和竹內教授請教。當時，福岡教授如此說道：

我們的確受到基因的制約。有時會認為基因決定了一切。然而，個體的生命並非每分每秒都不懈怠，兢兢業業只為留下子孫。（中略）從別的角度來看，基因告訴我們「要自由」。唯一能夠察覺這一點的生物只有人類。（二〇〇九年《婦人》六月號〈何謂培育生命之心 2〉）

聽到這裡，我突然感受到希望的光芒。我雖然知道人類是自由的，但沒想到連基因都追求自由，而且只有人類察覺到這一點。

對於人類以外的動物而言，為了吃、為了留下子孫拚盡全力。食物都是生吃，代表隨時將生命交給自然。

只有人類會料理。也就是說，料理是僅賦予人類的自由之一；反過來說，人類最簡單能夠行使的自由就是製作食物。

請大家想像一下。想像最早的人類發現放在火旁邊的水變成熱水時的樣子。人類最早的容器想必是貝殼，水放進貝殼裡，陰錯陽差地放在火旁邊，沸騰後成為熱水。想像這個經驗帶來的喜悅和驚奇，想必是非常單純的情感。我們不可忘記這樣的喜悅。

學會用火的人類與其他生物不同，得到了**料理的自由**。這是一件了不起的事。因為獲得這項自由，我們想盡各種辦法烹煮食物，發揮我們的智慧，為品嘗食物的人著想，用心料理。

竹內教授如此說道：

「速食品沒有技巧可言。我認為，料理是人類最有創意的活動之一」。

食也可以養育靈魂

之後我又有機會請教竹內教授關於「生命」的問題。請大家閱讀竹內教授的著作《食與生命》當中的一節。

> 自己的生命是依靠其他的生命維持；一旦忘記這一點，人類就會變得傲

慢。自己的生命也維持了其他的生命；一旦忘記這一點，人類就會失去希望。因此，若我們無法事奉彼此的生命，則無法得到真正的幸福。

關於這一點，食占有特殊的位置；也就是說，食是我們滋養生命的本質。換言之，食不僅養育了我們的身體，更滋養了我們的靈魂。（二〇一七年《Croissant》創刊四十周年紀念特大號）

什麼是「靈魂」？

據說竹內教授在大學開放校園參觀時，曾如此對高中生說道。

人類的細胞每一刻都在替換，十年前構成我們身體的細胞現在已不復存在。那麼，我們不再是十年前的我們嗎？當問到這個問題時，據說高中生們回答，就算細胞替換，「自己」這個身分沒有改變。

過去的人們或《聖經》，將這個「身分」稱做「靈魂」。也就是讓自己能夠是自己的東西。這既是靈魂，也是我們的生命。竹內教授認為生命等同於靈魂。

我認為，生命的目標在於將人從生物層面的人，提升至人類層面的人。這個「人」，指的是具有靈魂的人類。

吃進風土孕育出的當令食材生活，對於這一點充滿最深的感謝與敬畏。透過食從根本培育這樣的態度，就能夠成為人類層面的人，進而培育出能夠以為人做事、有助於人為幸福之事的心。

值得信賴的食物的另一端

本章最後再次看到食材。

至今為止，我已經向各位傳達了許多關於優良食材的事。接下來的文章是我於一九九六年所寫。

確實守護養育人類生命的食物，另一端一定存在著值得信任的人。

我在這裡寫了有關食材的解說，但我的心其實與生產的人相通。因為生產食材的人，他們過的是與不斷變化的自然打交道的生活，一刻不得鬆懈的忍耐和努力，他們的人生超乎消費者的想像。

他們的勞動不是金錢可以換取。

因此我希望介紹與食材相關的生產者。

現在，日本糧食的自給率不到百分之三十。如果確實理解純正的食材，聰明並帶有感謝之心使用這些食材的人能夠增加，那麼必能成為改善糧食問題的基礎力量。

更值得注意的是後繼人才的問題。為了在希望之中鼓勵並培育後繼人才，我們期望能夠成為配得上優良食材的人。（《辰巳芳子推薦值得購買的真正美味》）

之後經過二十多年，日本有關食的狀況是否獲得改善呢？我不禁覺得，不僅沒有改善，反而變得更加艱困。

關於食，不僅要從日本國內出發，更要考慮世界食的現況與問題。我總覺得，無論是TPP（跨太平洋夥伴全面進步協定）或日美兩國的FTA（自由貿易協定），都因過於以企業的利益和國家的經濟為優先，反而逐漸失去國家一直以來累積的各種智慧。

正因如此，更希望諸位能夠培養懂得選擇「必能成為養份的東西」的能力。當陷入危急時，分出人生勝負的就是這個能力。

請大家一定要直接與生產者相連。可以的話，請去參觀栽種有機無農藥米和蔬菜的農田、種香菇的森林、養牛的牧場、製造醬油和味噌的工廠等。另外，也請直接與生產者交流。

我所信賴的生產者，他們皆敬畏眾生、風土、自然、宇宙的韻律，接受食材的引導，帶出食材最優質的部分。

他們直接面對生命，分享風土的恩惠，從中感受幸福，僅用食材稱呼甚至會覺得不好意思。

我們敬畏的對象不僅限於風土。不斷嘗試新的方法，希望製造出優良食材的各個生產者，希望大家不要忘了他們的辛勞。

第二章

磨練感應力

試著將五感
集中至「手中的自然」

現在，重要的是感應力

本章我想說的是我現在認為最重要的能力：感應力。

什麼是「感應力」？

請大家回想我在〈序言〉所寫的內容。「感覺」指的是「透過感覺器官的刺激得到資訊」，「感應」指的是「受到外界的刺激，心靈得到深刻的感動」。感覺和感應不同。

針對感覺到的事物做出**回應**，才能算是真正的**感應**。感應力伴隨具體的行動，也就是需要實際動手動腳。就像兩個人練傳接球一樣，接到球之後必須再傳出。

現在日本的教育欠缺的想必是磨練體驗的學習。人類需要的是確實動手動腳的體驗，不實際動手動腳的學習，根本一吹就倒，經不起考驗。說得誇張一點，體驗所培育出的感應力，其程度的差距可能關乎生死。

紅肉魚和白肉魚使用不同的醬油

那麼，要如何磨練感應力呢？只是在書桌前苦讀也沒有用，而是要隨時於日常生活中使用這項能力，進而加以磨練。下面舉例說明。

大家在吃生魚片時，會用什麼醬油呢？吃紅肉魚和白肉魚時是不是用同一種醬油？如果是這樣的話，無法磨練感應力。

白肉魚要用淡口醬油。我愛用大久保釀造店的「紫大盡」，大久保釀造店的醬油使用日本國產大豆（據說最近使用的是青森縣福士武造先生種植的有機無農藥大豆），加上沖繩的島鹽（shimamasu）和國產的優質小麥，水則用炭過濾，裝在塗上漆的木樽裡釀造。材料和製作方式都非常純正，因此做出來的味道也很純正。用磨好的利刀將鯛魚、黃雞魚或比目魚切成薄片，沾一點「紫大盡」，便能帶出生魚片的鮮甜，非常美味。

紅肉魚請用較濃口的醬油，尤其是鰹魚，如果不使用濃口的好醬油，則會輸給鰹魚強烈的味道。濃口醬油我選擇 Higeta 醬油的「玄蕃藏」，根據江戶初期的傳統製法，是一年僅釀造一次的限定版濃口醬油。

冷豆腐又如何呢？絹豆腐和木棉豆腐不可以使用同一種醬油。絹豆腐要用淡口醬油，木棉豆腐要用濃口醬油。

請大家用舌頭品嘗，親身感受為什麼要這麼做。

一杯茶教我們的感應力

感覺。

品嘗。

之後等待我們的就是感應力。

想要磨練感應力，唯有料理。

料理是在手中與自然面對面。蔬菜本身就是自然。自然就是**事物**的法則和秩序，料理就是面對事物的本質。

然而，事物不會說話。因此，如果不全力使用感應力，就聽不到事物說：「請這樣處理。」

料理的時候需要出動五感。看材料的狀態。觸摸。切、炒時要聽聲音。聞氣味。等到覺得大功告成之後再嘗味道。

味道不是調出來的，而是**創造**出來的，是一種很認真的活動。

泡一杯茶也相同。看茶葉，聞香氣，感覺幾度的熱水泡出來的茶有何不同，應該等待多久……再做出反應。茶的味道會告訴你你的感應力程度如何。

培育母親感應力的河岸

下面來說一說我的母親。

母親辰巳濱子非常擅長料理，無論是多麼沒有食欲的人，都有辦法讓他們「就食」。在我與疾病奮鬥的十五年，靠的都是母親的料理。我從未懷疑過母親的味道，與她一起住了約五十二年。

在母親過世前夕，她看到因為疲倦而什麼都不想吃的我說道：「別這樣，去吃鰹魚生魚片配飯。」拿了一把菜刀給我。考慮對方的情緒和身體狀況臨機應變，母親是一位無論什麼時候都能充分發揮感應力幫助別人的人。

母親的感應力是如何磨練的呢？

據說是拜母親的祖母所賜。曾祖母為了教當時年紀還小的母親如何處理各種不同的材料，仔細告訴她每一種材料的「規則」。

例如白蘿蔔。市場裡有堆積如山的白蘿蔔。曾祖母會帶著母親前往河岸或市場，一根一根拿給她看，說道：「這個適合用來醃漬，這個的話適合燉煮。」仔細說明。等到果菜店出現蜜柑，曾祖母便會「開講」，教母親如何挑選哪些蜜柑用來招待客人，哪些自己吃。果菜店的大叔也會加入，「吃吃看吧」，剝下一瓣讓母親品嘗。

就這樣，母親用身體確實記住了根據材料和用途而有微妙不同的味道。當然，也許她天生就有這方面的才華。

因此，母親只要看到一根黃瓜、一條茄子，就能夠知道這個食材「希望如何被料理」。根據時期水份含量的不同、皮的硬度等，能夠瞬間看到事物的本質，用最能發揮食材優點的方式烹調。

我現在依然清楚記得母親給我的建議。

「小黃瓜如果切開之後再撒鹽，則鹽會過於搶味。從又硬又苦的蒂頭開始，將皮削成條紋狀，均勻撒上鹽之後靜置七分鐘，這樣剛剛好。」

「小黃瓜吃的是香氣。如果切成如紙一般的薄片，黃瓜的優點全都不見了，要特別注意。」

涼拌黃瓜的厚薄二公厘剛好。我覺得母親在最大限度發揮食材本身優點這一方面可說是天才。

庭院裡的紅枝垂櫻開花時，母親都會邀請客人舉辦握壽司大會。面對超過十位以上的客人，母親能夠輕鬆地握出符合每個人一口大小的壽司。

無論是涼拌黃瓜或握壽司都充滿想法，母親用她的感應力帶給眾人幸福。

喬爾・侯布雄如何成為世界第一的廚師

下面再介紹另一個感應力的達人：喬爾・侯布雄（Joël Robuchon）。

說到侯布雄，他在二〇一三年時於全世界十一個國家展店，當中四間店榮獲米其林三星，加上其他的店，總共獲得二十八顆星。他是法國料理界最有名的廚師。大家知道這樣的侯布雄是如何培育出來的嗎？

侯布雄在一九四五年出生於虔誠天主教家庭，十二歲進入神學校，十五歲立志朝料理之路邁進。從十二歲至十五歲的三年間身處修道院的他，在修道院的廚房裡學習烹飪，看著在裡面工作的人長大。

而我在聖心女子學院上學時，近距離與修女們接觸。打掃、洗衣等生活相關的事務都由修女負責，她們一年到頭從早到晚盡心盡力地工作。傍晚我準備回家時，都會看到她們在洗衣場用洗衣板洗著堆積如山的衣服。當時還是孩子的我，總覺得非常不可思議，不明白她們為什麼受得了這麼吃重的工作。

多年後我才終於明白，修女的工作是「奉獻」。

培育侯布雄的修道院裡，想必也有許多每天做著粗重體力活的人，侯布雄看著他們的身影，度過了最敏感的青春期。各式各樣的人與各式各樣的工作搏鬥，努力做出正確的判斷，過好每一天的日常生活。這些人的身影無疑深深烙印在侯布雄的心裡。

想必也因此他才能夠擁有如此超群的感應力。

前幾天，ＮＨＫ的節目介紹了侯布雄工作的樣子。許久不曾見到如此優秀的料理。

他用白肉魚製作前菜：首先將鹽灑在生魚片一般的魚肉上，讓魚肉更緊實。他使用的是搗碎至有如麵粉一般細緻的鹽。灑上細鹽靜置，調味時用的則是沒有經過搗碎的粗鹽。侯布雄說這是為了能夠確實感受鹽味。就像這樣，他展現了鹽的兩種用法。

在荷包蛋上灑鹽時，他僅將磨碎的細鹽灑在蛋白上，蛋黃則沒有灑鹽。這是因為如果將鹽灑在蛋黃上，蛋黃會因鹽份而發生變化，外觀就不美了。這是在攝影棚裡拍攝的現場節目，雖然受到各種限制，侯布雄的料理卻沒有絲毫馬虎。

他為什麼能夠做到這樣呢？我認為是因為龐大的練習量和感應力。想必這一切的基礎源自他在修道院生活時每天所感受到的點點滴滴。

手術前後讓細胞感到喜悅的香菇湯

曾經有人全面發揮感應力，進而救了自己一命。

我的湯品烹飪教室裡有一名學生罹患重病，必須動手術。那時候我告訴他，手術前後都要喝香菇湯。

香菇湯和糙米湯在我教學生的眾多湯品中，尤其救了許多情況困難的人。香菇含有許多抗癌藥物也使用的成分，姑且不探討成分，只要確實飲用，可以實際感受到身體的喜悅。

我的學生在接受手術前幾日煮香菇湯喝，手術後進食的第一口也是香菇湯。她從醫院打電話給我：

「老師，我感覺就連我手指的細胞都感到喜悅。」

人類的身體非常誠實。然而，如果沒有擁有感應力，也許無法聽到身體的聲音。

我的香菇湯更接近「煎湯」。煎湯的做法有兩種，分別是蒸和熬煮，我的做法是蒸。將國產的原木香菇和一等天然昆布泡水一小時，讓食材恢復活力。將泡軟的香菇和昆布，與日式酸梅（有籽也沒關係）一起放入等一下要放進蒸鍋的容器裡。將泡香菇和昆布的水倒入另一口鍋中加熱備用。等蒸鍋開始冒蒸氣之後，放入裝有香菇等食材的容器，淋上加熱過的香菇昆布水，蓋上蓋子一口氣蒸四十分鐘。最後用不織布材質的廚房紙巾過濾就完成了（材料的分量請參照二〇五頁）。

香菇湯蒸好之後立刻將香菇、昆布、酸梅撈起

為了在四十分鐘內蒸好，泡香菇和昆布的水一定要預先加熱。放入蒸籠裡的容器要有蓋子。另外，蒸好之後，立刻將香菇、昆布、酸梅撈起，這是為了防止萃取的滋養和鮮味又被香菇和昆布吸走。請大家特別注意以上三點。

藉由蒸的工序，可以緩減香菇特殊的氣味，不喜歡香菇的人也很好入口。不僅是肝臟機能不好的人，為抗癌藥物的副作用所苦的人，也說喝了這個湯之後紓緩許多。此外也特別推薦給繁忙的人。

剛蒸好的時候喝最好。如果要重新加熱，直接放在爐火上會影響風味，請隔水加熱。

當做養生湯享用的話直接喝就可以了，如果是佐牛排或鰻魚，則可以加一點鹽。只要喝大約咖啡杯一杯的量，就可以預防胃脹，幫助消化。夏天可以加一點吉利丁，冷卻後享用；冬天則可以加一點葛根粉勾芡後淋在粥上也不錯。

都會人更要下廚

為了磨練感應力，特別建議住在都會的人下廚。如果身旁有庭院或農田，平日裡經常與自然接觸，就能感受風土的變化和季節的變遷；但如果沒有這樣的條件，最好的辦法就是下廚。選擇當令、自然的蔬菜，貝類和魚也會隨著季節變化。

我曾經隨著電視節目拜訪住在大樓裡過著忙碌生活的家庭。夫妻都在工作，平常沒有下廚。他們說是因為工作太忙而沒有時間。

我在他們家，將大量的當季蔬菜放入蒸鍋裡，做了一道蒸蔬菜，放在餐桌正中央。屋裡充滿蔬菜甜甜的香氣和熱氣，這對夫妻聞著熱氣品嘗蔬菜，笑著說：「真

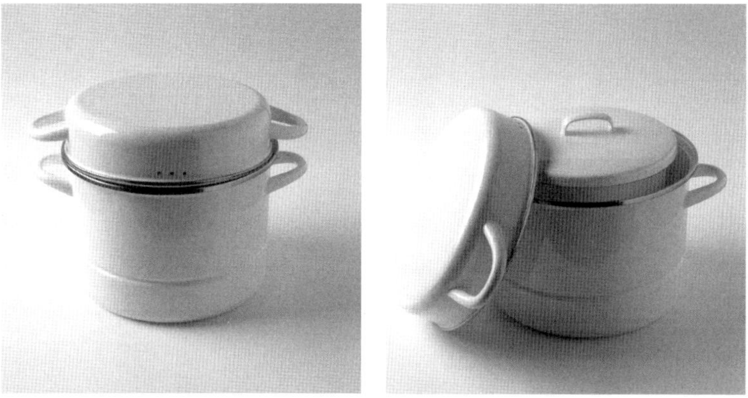

MIMOZA 包括外側的蒸鍋和放入蒸鍋內的有蓋容器

是太幸福了。」

「擁有一切不起眼的小事」就是幸福。幸福是自己創造出來的。愈是住在都會的人，我愈希望他們能藉由下廚將自然融入生活中。

下面告訴大家蒸的技巧。不僅是香菇湯，我為了讓蒸料理更簡單，於是改良了過去的蒸鍋，製作出琺瑯蒸氣調理鍋「MIMOZA」。似乎許多人會用微波爐加熱蔬菜，但微波加熱會破壞食材的味道和營養，與使用蒸鍋慢慢加熱做出來的香氣和味道都完全不同。

只要用「MIMOZA」蒸紅蘿蔔、洋蔥、

馬鈴薯、地瓜等備用，就可以運用在各式料理上。蒸的烹調技巧可以充分發揮食材原本的味道。

必須特別注意的是不要將馬鈴薯、紅蘿蔔、地瓜等與洋蔥一起蒸。這些食材如果沾上洋蔥的味道，則很難運用製作其他料理。可以和洋蔥一起蒸的是高麗菜和小蕪菁。

使用鹽來影響蔬菜也是一件重要的事，根據蔬菜的性質，浸泡鹽水或灑鹽備用。鹽可以減輕蔬菜的澀味，為料理的味道打底。

就算是小孩，只要吃一口當令的紅蘿蔔或洋蔥，應該就可以感受「哇，這個紅蘿蔔好甜喔」「這真的是洋蔥嗎？跟以前的洋蔥不一樣」。感應力就是從這些地方開始磨練的。

餐桌上準備順應風土的天然食物，同時也能發掘真正的自己和身處於自然當中的自己。

不要因為住在都會就感到滿足。請大家務必思考因為住在都會而失去的東西，並以行動做出補償。

拌炒磨練感應力：糙米湯①

話雖如此，不代表只要下廚就可以磨練感應力。母親經常說：「不可不用心。」就算做同樣的事，有沒有「心」，磨練出的感性和感應力程度完全不同。為了美味品嘗食物的本質，應該做的事必須做到。不偷工，確實做好每一件事，培育出的不僅是美味，更是自己的感應力。

感應力到底應該如何使用呢？以下以糙米湯為例，具體說明。

相對於之前所述的蒸香菇湯，糙米湯屬於熬煮的湯。這是末期吃不下任何東西的人也可以品嘗的湯品。為防不時之需，希望大家能學會如何製作。

想做糙米湯，首先要準備有機無農藥的糙米。糙米湯是熬煮糙米而成的湯品。如果使用有農藥的米熬煮，就等於是在喝農藥一樣。

糙米湯

如同第一章所說，我使用的是青森縣福士先生栽種的米。福士先生使用地下灌溉法，混合古代米和其他數種米以直播式栽種。種出來的米擁有不可言喻的生命力，最適合生命力減弱的人食用。

買到糙米之後，準備工作從前一晚便開始。糙米洗淨後泡水四十分鐘，將水瀝乾後靜置一晚。若將糙米泡水四十分鐘、白米泡水三十五分鐘，當中的澱粉會受到水的影響而膨脹。靜置一晚是為了讓水份滲透至米芯。

拌炒吸滿水份的糙米，這個步驟最重要。也請仔細挑選鍋子。使用鐵或厚鋁製成的平底鍋拌炒。我使用的是中尾鋁製作所的「PROKING」外輪鍋，直徑二十四公分。

一開始用大火拌炒糙米，目的是為了用大火刺激糙米。如果最大火力是10，那麼用5的火力拌炒。

木鏟一定要垂直觸碰鍋底，均勻炒動糙米。從右到左，再從左回到右；從前到後，再從後回到前。不要隨意拌炒，這裡需要發揮的就是感應力。

勤加練習，熟能生巧：糙米湯②

前後左右移動木鏟，沒有多餘的動作，這一點在拌炒湯料時也相同。就算是蔬菜也不希望一直被觸摸或是被粗暴對待。

在我很小的時候就有相同的體會。當時家裡有多位幫傭，在幫我洗澡時，每個人的擦澡方式都不同。以為會從左邊開始擦，結果從右邊開始；以為要回到左邊，結果毛巾又跑到沒有預想到的地方。實在是不太舒服。

關於這一點，母親沒有多餘的動作，從右到左，再從左到右，非常有節奏地移動毛巾，舒服地幫我清洗全身。

我將當時的感受應用在料理上。就算是蔬菜也一樣，如果能讓蔬菜覺得舒服，想必更能將美味發揮到極致。

為了讓每一粒糙米都能夠均勻受熱，木鏟的動向就非常重要。維持一定的節奏，沒有多餘的動作。請大家多練習幾次，如上一章介紹世阿彌所說的「勤加練習，熟能生巧」。

拌炒這個看似不起眼的動作，運用感應力或僅是不用心地隨意拌炒，結果完全不同。請大家拌炒時務必集中精神。分三段逐漸加強火力，如此一來飽含水份的糙米會從米芯開始膨脹。

在這個過程中，會逐漸散發出香氣，發出劈啪、劈啪的聲響。這時就可以轉小火，如果最大火力是10，則將剛才開到5的火轉3至4。到這裡，拌炒的工序也進入最後階段。請拿一點糙米試吃看看，如果酥脆但吃不到米芯，且散發柔和的香氣，那就完成了。

將炒好的米攤在紙上。應該呈現的是漂亮的小麥色。拌炒的時間會隨著糙米的材質和拌炒時的季節、天候而有不同，無法一言以蔽之，但大約需要二十至二十五分鐘。如果時間過久，則米有可能爆裂，需要特別注意。

品嘗應該丟棄的東西：糙米湯③

糙米炒好之後，取一定的量和昆布、日式酸梅一起加水慢慢熬煮。由於加了酸梅，因此不要使用金屬鍋。我使用的是請野田琺瑯專門為糙米湯打造的鍋子（材料的分量請參照二〇五頁）。

將裝有材料的鍋子放在瓦斯爐上。開中火熬煮。等到沸騰之後將火關小，蓋上蓋子留一點縫隙，調整火力讓裡面的糙米可以對流。

沸騰後經過三十分鐘，可以試一下鍋中糙米的味道。試的不是湯，而是之後不會食用的糙米。

品嘗應該丟棄的東西，判斷留下的東西的價值。

這與心靈的修行相同。需要細細品嘗的不是留在心裡的東西，而是應丟棄的東西，進而做出判斷。判斷的不是什麼該留，而是什麼該捨。藉由捨棄的東西決定留下的東西的價值。

等到覺得已經完成之後就可以關火。如果熬煮時間過長，則會熬出糙米的澀味。如何看準**時機**也與感應力有關。

關火後立刻過濾，放入其他容器。

糙米的清香和味道再加上昆布和酸梅增添的淡淡風味，清爽的滋味無論是誰都可以品嘗。從小孩到年長者，尤其是可以緩解病人的身心。

的話。

「我雖然喝過許多湯，但你的湯最美味。」這是嘗遍各種奢華美味的人對我說

拌炒糙米的時間是祈禱的時候：糙米湯④

炒好的糙米容易氧化，只能保存四至五日，因此需要經常拌炒。請大家持續磨練自己的專注力和感應力。

湯裡剩下的糙米該怎麼辦呢？想必有人會烤糙米麵包，但我會做成用葛根粉勾一層薄芡的粥。鍋裡放入第一道高湯和剩下的糙米開火加熱，再用鹽和醬油調味，最後用葛根粉勾芡。這是一道與喝糙米湯的人分享的料理。

我知道有人僅靠這個糙米湯就延續了三年的生命。每天喝四杯糙米湯取代茶即可。有一名長期療養的病人，多年以來一直靠瀉藥排便，但喝了糙米湯之後變得能夠自然排便。

邁向死亡的人，細胞的活力會逐漸衰弱。這個湯只加了糙米、昆布、酸梅，是所謂的「減法」湯，是一道衰弱的細胞也能夠吸收的湯。因此從剛出生的嬰兒至邁向死亡的人，所有人都可以喝。

我聽看護說，即將走到生命盡頭的人最後會想吃冰塊。不僅是這道糙米湯，蔬菜湯、玉露綠茶、煎茶都可以製成冰塊。放入製冰盒裡，取適當的大小讓病人含在嘴裡。冰塊會在舌尖上慢慢融化，不用擔心一次吃進太多的東西而嗆到，請大家務必記住。

確實做好不起眼的事：小魚乾高湯①

確實做好乍看之下不起眼的事，這是我在湯品烹飪教室裡反覆強調的一點。湯品烹飪教室教的不僅是湯品，更是**如何生存**。

為了不違背自然，必須仔細做好不起眼的事，如此一來才更容易生存。與拌炒糙米相同，處理小魚乾也是不能偷懶的重要工作。

要選擇有光澤，魚肚或魚身沒有破裂的優質小魚乾。我愛用香川縣伊吹島的小魚乾，但捕獲量連年減少，這點讓人遺憾。

小魚乾的事前處理決定味道。首先用手將魚頭擰下，和魚身分開。魚頭和魚身分開後，去除魚鰓。魚身的部分則壓住魚肚，縱切一分為二，去除內臟。分開拌炒魚頭和魚身。

為什麼要拌炒呢？那是為了去除小魚乾的腥味。就算同樣是小魚乾，炒過和沒炒過，使用起來完全不同，也就是腥味散去的方式不同。拌炒是一件非常不可思議的事，不知道該怎麼使用的食材，大部分只要經過拌炒，都會變得可用。在做鰹魚鬆的時候也一樣，只要稍微拌炒一下，就不會有腥味。

為什麼魚頭和魚身要分開拌炒呢？那是因為魚頭和魚身受熱的方式不同。使用沒有放油的平底鍋開稍大的中火拌炒。等到小魚乾稍微上色之後轉小火，繼續拌炒二十分鐘。魚頭用小火，不要過度翻動，一邊確認鍋子的熱度一邊拌炒。

分開拌炒去除魚鰓的魚頭（上）和去除內臟的魚身（下）

持續辦炒直到魚頭和魚身都變得酥脆，獨特的腥味消失，轉變成香氣為止。魚頭和魚身一起放入研缽，用研杵搗成粗的粉末。保留些許原形更容易出味。

將粉末放入瓶中保存。如果想要長期保存，建議冷凍。也可也用果汁機代替研缽。

熬煮小魚高湯與上進心有關：小魚乾高湯②

至此為止是小魚乾的事前處理。

熬高湯時也要使用兩口鍋，一口是放小魚乾粉末，另一口是放昆布和乾香菇。兩者皆加水靜置一小時。關於水量分配的比例，小魚乾３，昆布和乾香菇７（材料的分量請參照二〇六頁）。兩口鍋子同時開小火加熱。

兩口鍋都保持快要沸騰的狀態二至三分鐘。不織布材質的廚房紙巾鋪在瀝水籃裡，將小魚乾高湯過濾加入昆布的鍋子裡。盡量避免高湯煮滾。把高湯煮滾沒有任

左邊是加了小魚乾粉末的鍋子，右邊是加了昆布和乾香菇的鍋子

何好處，只會釋放出不好的成分而已。

加入小魚乾高湯後開火保持沸騰前的狀態，繼續加熱數分鐘。試味道，覺得高湯已經充分出味即可關火，取出昆布和香菇。最後再過濾一次，小魚乾高湯就完成了。

為什麼除了小魚乾之外還要加昆布和香菇呢？那是因為昆布可以集中浮渣，香菇則可以消除肉類和魚貝類的異味。不僅增加滋養，味道也更有深度。

這道小魚乾高湯使用起來非常方便，可以用來製作除了清湯之外的味噌湯、根莖蔬菜湯、燉煮類菜餚、醬汁等，增添第一道高湯所沒有的活力。

你是不是覺得麻煩呢？

確實做好不得不做的事與你的上進心有關，跨越這道門檻就是**人生的滋味**。只要持續堅持，反而會變成不做就覺得全身不對勁。

等到不費力地就可以完成這些事之後，想必感應力也經過相當程度的磨練，能夠分辨所有事物的善與惡，也會變得有能力讓善的事情更好，盡量壓制惡的事情，凡事親力親為。

透過吃東西磨練感應力，對世間所有的事情也會隨之變得敏感；也就是說，會變得容易生存。

究竟是善是惡？是真是假？無法做出判斷而是在「這樣好嗎」的迷惘中生存，是最大的錯事。

培育感應力的大豆１００粒運動

教育的第一線又如何呢？是否教育學生培養感應力呢？我認為沒有。在學生實際感受之前就告訴他們正確答案，要他們背下，而正確答案是對錯式的選擇題。在這樣的教育之下，無法培養孩子的感應力。

下面介紹大豆１００粒運動。這是我於二〇〇三年呼籲，翌年四月開始實施的運動。

做為課程的一部分，最初的一年請長野縣的小學生播下一把約百粒的豆子，讓他們觀察大豆的成長過程，並在收成之後品嘗。到了第十三年的二〇一六年，在神奈川、長野、北海道、東京等地，共有四百所學校，合計二萬五千以上的小學生播種種豆。

之後會再說明這個活動的目的，但這個活動對孩子們的教育效果包括培育感應力和自發力。

對孩子們而言，觀察動物和昆蟲等會動的東西想必很容易。然而，植物既不會動也不會發出聲音，必須動用自己的心和腦仔細觀察才能發現變化。

學童們播種不會說話的大豆，觀察並記錄其生長，收成之後大家一起品嘗。過程中所磨練的感應力和自發力無可取代。

大豆不停在變化，盛夏的時候長到和孩子們差不多高，等到吹起秋風後停止生長，到了十月之後，葉子和莖都會發黑。孩子們看到後很吃驚，哭著說：「大豆死掉了。」

據說老師在課堂上以此為主題，和孩子們一起思考什麼是生命。

我認為現在的教育缺少的就是這一點。

「你有什麼想法」「你感受到了什麼」……老師或家長必須經常問孩子們這樣的問題。如果孩子們回答「不喜歡」或是「好可憐」，亦或是「真有趣」，接下來就要讓孩子們以這樣的感覺為基礎，思考下一步應該採取什麼樣的行動，如此便能培養出孩子的感應力。

不試味道就像只給看樂譜卻不給聽演奏

我在湯品烹飪教室最重視的是，無論是哪一間教室，一定要讓學生試吃。鎌倉教室大約有五十名學生，廚房非常辛苦。但如果不讓學生試吃品嘗，無法傳達本質。

我聽說某所知名的烹飪學校僅仔細教導製作方式，但沒有讓學生試吃。這就好像僅讓聽眾看樂譜卻不讓他們聽演奏一樣。

音樂和料理非常相似。

就算只有一次，實際聽過或沒聽過大不相同。僅看樂譜無法培養感應力。

使用五感和手腳品嘗食物，思考到底是什麼樣的味道，確實記住。重複這樣的過程，漸漸地**只要聞氣味就可以知道味道**。不僅氣味，只要聽到廚房傳出的菜刀聲，就可以大致感受：「啊，今天的料理感覺會很好吃。」

用好的下酒菜培育感應力

下面再介紹一個磨練感應力的重點。

下酒菜。

不知道大家吃什麼下酒菜？下酒菜可是非常重要呢。我認為上班族之所以無法磨練感應力，原因之一是酒館的實力不足。最近的酒館都沒有端出細膩真誠的下酒菜。

母親從來不曾在父親回家時僅端飯上桌，至少也會準備三道下酒菜。母親的書裡寫下了涼拌粗根鴨兒芹的做法，請大家一讀。

滾燙的熱水裡加一撮鹽，放入鴨兒芹，以從右到左涮過的方式過水即可，千萬不可以在滾燙的熱水中煮。我每次都覺得既有趣又不可思議，只有粗根的鴨兒芹在放入熱水之後會發出劈哩劈哩的響聲。也許是因為突然受熱，莖節與莖節之間的空氣膨脹破裂，才會發出這樣的聲音。

鴨兒芹燙好之後立即放到冰水裡降溫，直到冰水降至室溫為止。

將鴨兒芹從水裡取出，切成二公分的小段，**適度**擰乾水份。這個「適度」的拿捏非常困難，也就是說，如果水份擰得不夠乾，浸泡到高湯裡之後，會變得水水的；如果水份擰得過乾，纖維就會變得粗粗的，鴨兒芹的香氣和葉莖的口感也都浪費了。所以說鴨兒芹的成敗關鍵就取決於**適度**的擰水。這道功夫決定味道的基底，既是最重要的基本功，也是美味的秘訣。

淋上用等量的酒和醬油調製的醬汁，再灑上花柴魚片就可以準備呈盤了。鴨兒芹的氣息與酒的香氣完美交融，可說是春天的極品菜餚。（辰巳濱子《料理歲時記》）

如何？大家是否吃過以這種方式料理的鴨兒芹呢？

另外，我希望大家細細品味的另一件事是從文章中可以看出母親的感應力。

母親在邁入夏天時，會在端出放在刨冰上的鹽漬茄子，非常美味。如果有乳酪的話，就可以開心地喝啤酒。父親每次都舒服地喝著酒品嘗。

之前我去北海道時，有個地方的漁場製作鹽辛（譯註：魚肉和內臟的醃漬發酵食品）販賣。其中一樣是鮭魚的鹽辛「Mehun」。在國境的最北端，沒有其他東西可賣了嗎？我突然靈機一動，買回去均勻地塗在梅爾巴吐司脆片上，結果許多人稱讚與威士忌非常搭配。

梅爾巴吐司脆片是將融化的奶油或橄欖油塗在切成薄片的法國麵包上，用烤箱烤至上色為止。一次多做幾片放進瓶子裡，就可以每天享用。正因為有對這個味道的記憶，因此在看到鮭魚鹽辛時才能立刻想起。塗的時候首先將橄欖油和切片的大蒜放入小鍋，開火加熱，讓橄欖油吸收大蒜的香氣。加入「Mehun」拌炒，淋上白酒就完成了。把這個塗在梅爾巴吐司脆片上。

紅燒醃蘿蔔也是一道美味的下酒菜，但已經成為被遺忘在角落的料理了，最近不管去哪裡都看不到這道菜。

將醃蘿蔔切成薄片後泡水，適度去除醃蘿蔔特殊的味道，但不能過頭。水煮醃蘿蔔至尚存稍許口感，在水中用手握住擠出水份，排放在鍋裡。準備另一口鍋，以水 1、酒 1、醬油 0.5 的比例調和，再加入紅辣椒、日式酸梅，煮沸後倒進醃蘿蔔的鍋子裡燉煮就完成了。煮好的蘿蔔口感特殊，適合用來蒸飯或做成什錦飯。放入冰箱冷藏也很美味。

「多花點錢在下酒菜上也無妨。要多培養才學。」這是母親的口頭禪。

如果吃到美味的下酒菜，首先確實運用五感品嘗。之後找出做法，分析為什麼好吃，請務必學會如何製作。用這種方式磨練出的感應力，會讓你漸漸成為容易生存的人。

在祖父膝上記住的熟悉的味道

我是在祖父的膝上記住下酒菜的味道。

祖父餵我吃了各種下酒菜，他最喜歡看我吃完之後嚇一跳的奇怪表情。

那時候，我最喜歡坐在祖父正座的膝上，又廣又長，感覺非常大。在他的膝上，我學會了看時鐘，也記住了小鳥的法文名稱。不僅如此，我還記住烏魚子、海鼠腸（譯註：海參內臟的醃漬物）等**熟悉的味道**。我雖然不太會喝酒，但直到現在偶爾還會想出適合配酒的菜餚，想必是因為我對下酒菜的味道非常熟悉。

祖父辰巳一是日本最初的「軍艦製造者」，出生於金澤。由於加賀的藩主前田家財政寬裕，加賀藩聘請外國顧問，有些學校還會教授外語。祖父因此決定上學，從七、八歲時開始學法文。

明治維新時，對邁向文明開化的日本而言，最重要的尖端技術就是造船技術。幕府於橫須賀成立製鐵廠，又在那裡設立了「造船黌舍」（造船學校）。當時只有法國擁有造船技術，因此教造船技術的是法國人。據說直接用法文教授巴黎綜合理工學院（法國培養公務技術人員的理工科大學）的教育課程。

在金澤學習法文的祖父，十三歲時從金澤前往位於橫須賀的學校，習得科學技術的基礎。明治十年（一八七七年）奉官命前往法國學習近代造船學，成為日本第一位擁有尖端技術的人。

祖父在日清戰爭（中日戰爭）中的重地建造日本最初的軍艦「松島」「嚴島」「橋立」。但據說由於海軍預算不足，因此無法依照設計使用鋼鐵。不僅如此，想要延伸射擊距離的軍令部強制要求軍艦搭載更大的大砲。結果由於無法違抗軍令部的命令，軍艦不得不搭載不符合比例的大砲。

說到日清戰爭，經常有人提及上述的三艘軍艦，但其實行動自如的小型水雷艇在黃海海戰中發揮的作用更大。祖父致力於水雷艇的開發，完成了十數艘水雷艇，那是因為軍令部比較不會插手水雷艇。

隨著日法關係惡化，祖父被認為是親法派而遭轉為後備軍，之後參與創立三菱造船，四十多歲時因病引退。家庭生活方面多舛，兩個妻子都比祖父先離世，留下許多孩子。正因為他經歷了許多的人生不如意，因此對我的疼愛對他來說具有特別的意義。

祖父於一九三一年（昭和六年）過世，享壽七十四歲。當時六或七歲的我，彷佛世上再無自己的容身之處般失落。

每天去祖父家吃到的熟悉的味道、祖父給我看的法國製美麗桌巾和玻璃盒等，這些都是我的感應力的核心。

愛要透過行動

本章一開始說到感應力就好像練傳接球一樣，接到球之後必須再傳出。而竹內教授也曾如此說道：

「感應的『應』指的是具體的行為表現。需要的是具有真心的方法或具體的愛的表現。我認為，料理的時候也需要同樣的功夫。」

無論是丈夫妻子、父母子女、兄弟姊妹，為對方著想不是只要想就可以了。如果沒有透過具體的行為表現，則稱不上是愛。不是只要說我愛你就可以培育愛，並沒有那麼簡單。愛存在與人與人「之間」，而不是「當中」。

關於這一點，等最後一章再仔細探討。

第三章

培養直覺

風告訴我
如何製作美味的生火腿

突發奇想和靈感的不同

為了實現「讓生存更容易的生活」，接著感應力之後需要具備的是直覺，也可說是靈感。

靈感和突發奇想不同。突發奇想出自經驗和知識不足的人，就好像是一缸滿了的水，如果溢出來只會帶來麻煩。

另一方面，靈感指的是累積感應力，並經過龐大的練習後才能具備的能力，就好像是清水一般，特質近似於通過地殼的水。

雖說需要龐大的練習，但不是只要**單純**練習即可，重點在於分析。

見聞的事物、感受的事物、經歷的事物，也就是將充分使用感應力所累積的一點一滴進行分析與分類，當做資料收藏。充實這些「經驗檔案」，需要的時候可以立刻拿出來用。這就是直覺。

吃到美味的東西時，能夠將這個美味的記憶確實收進檔案之中的人，必是經常思考為何會感覺美味的人。不是僅茫然地覺得美味，而是以理論的方式思考，確實找出答案。同時，如果發現自己哪裡有錯，能夠放下己見立刻修正，這種人擁有的檔案，一定可以對其他人有所助益。

富有靈感的人：辰巳濱子

母親辰巳濱子不僅具備感應力，她也用直覺幫助了許多人。戰爭中真的沒有東西可以吃，母親每天思考要如何餵飽家裡的人，過著名副其實的拚命生活。

我印象深刻的是法式鄉村麵包。我在其他的著作中也提過這件事，這是發揮直覺的最佳例子，容我在此再介紹一次。

母親從未見過、甚至從未聽過什麼是法式鄉村麵包，但她在愛知縣鄉下避難的時候經常烘烤這款麵包。

這款麵包救了許多人的命。尤其是遭遇空襲時，防空洞裡只要有我們家烤的直徑二十七公分、高七公分的法式鄉村麵包就會感到安心，一點一點慢慢吃，抵擋飢餓。

至於母親如何製作這款麵包呢？首先她把自己栽種的小麥拿到賣馬糧的商店，請他們磨成粉。馬糧商店只知道如何磨馬的飼料，因此磨出來是粗的全麥麵粉。母親確認麵粉的觸感，思考之後決定加入鹽和油，反覆揉麵，再加水和發粉，最後用鐵鍋烘烤。用這種方式做出來的就是法式鄉村麵包。

母親還做了鹽醃牛肉。從黑市買來牛肉塊，用平常的鍋子做成烤牛肉。烤好之後掛在水井上風乾，重複這兩個步驟，烤牛肉就會慢慢地變成鹽醃牛肉的口感。將鹽醃牛肉撕成細絲，與蔬菜拌勻後食用。不僅自己家人吃，也與避難地農家的人分享。

大家都很高興地說道：「過去夏天在田裡鋤草的時候，都從未像現在這般有精神。」

無論是鹽醃牛肉或法式鄉村麵包，母親既不是從烹飪書上學會，也沒有人教過她。但由於母親擁有許多「經驗檔案」，因此無論是麵粉或牛肉，憑直覺就可以知道怎麼處理最適當。

理論為經驗檔案佐證：炸新馬鈴薯

母親還製作了其他許多從未有人嘗試過的獨創料理。當中，我和弟弟們特別喜歡的是炸新馬鈴薯。

將剛收成、圓滾滾好像彈珠一般的馬鈴薯不裹粉直接放入油鍋裡，放上落蓋（譯註：略小於鍋子的蓋子）油炸。有時掀開蓋子將馬鈴薯翻面，馬鈴薯會慢慢上色，等到呈現美麗的小麥色時，用竹籤確認是否炸透，一口氣將馬鈴薯全部從油鍋裡撈起。將油瀝乾，再用紙吸油，撒上鹽和黑胡椒，再削一點乳酪就完成了。「來吧，請慢慢享用。」

剛炸好的馬鈴薯皮口感非常好，裡面鬆鬆軟軟，熱呼呼的。我們姊弟歡天喜地，對母親的新作品滿意得不得了。

在油炸食品只有天婦羅和炸蔬菜的年代，沒有人教母親，不知道她是如何想到這種做法。這道炸馬鈴薯利用的是新馬鈴薯的水份，正好在快焦之前熟透，且新馬鈴薯的皮薄，可以代替麵粉防止油的滲透，萬事ＯＫ。

但母親似乎不是一開始就理解這樣的理論。下面引用母親寫的一段文章：

開始持家之後，我不禁思考有沒有什麼辦法可以善用經濟混亂期的雜質油。我在蔬果店看到許多放在盤子裡的小馬鈴薯，一盤賣十錢。我買回來後將馬鈴薯洗乾淨，試著連皮放入雜質油裡炸，沒想到還不錯。炸過幾次天婦羅或其他炸物的雜質油，也因為馬鈴薯皮的保護而不會滲進馬鈴薯，些許的異味也還可以接受。因此我經常用來做成孩子們下午的點心，幫了我很大的忙。（《我傳給女兒的美味》）

這段故事還有後續。在戰時的避難地，農家給了我們許多餵牛和豬的小顆馬鈴薯。由於這些馬鈴薯非常漂亮，母親於是用大鍋油炸，這也受到大家的好評。結果好多袋原本要餵牛的新馬鈴薯，都被大家炸來吃。

母親如此寫道：

> 我把牛的糧食變成人的糧食，為了彌補糧食的缺口，只好把牛帶到草原，讓牛吃青草。（出處同前）

正因為母親充分了解新馬鈴薯的特性和油的性質，所以就算沒人教她，也能出現這樣的**靈感**。理論為經驗檔案佐證。正因為母親確實面對事物的本質，與料理相關的各種經驗檔案都融入她所有的感受之中，因此才能做到。

最少的努力獲得最大的成果：蒸煮沙拉

下面介紹另一道母親發揮直覺製作的料理：蒸煮沙拉。這也是因應需要而誕生的料理之一。

暑假期間，母親成為我們姊弟的老師。每天早上，我們將書桌排在母親的面前讀書。

快接近午飯時，母親就會去廚房，弟弟們總是趁這個時候逃跑。母親為了不讓他們逃跑，於是將所有夏天的蔬菜都放進一口鍋子裡，用一定的火力蒸煮。如此一來，就算不去廚房，蔬菜在不知不覺中就蒸煮好了。

這就是蒸煮沙拉。

直徑二十四公分的鍋裡排滿各種蔬菜，不另外加水，加入培根和番茄放入烤箱慢慢蒸煮，完成後連同鍋子一起端上桌。大人吃的時候會搭配烤得酥脆的法國麵包和冰涼的葡萄酒，再配一點乳酪，恰到好處。

材料包括小的洋蔥、馬鈴薯、紅蘿蔔、西洋芹、黃瓜、茄子、四季豆、高麗菜、青椒等。放點櫛瓜也不錯。沒有一定要放什麼蔬菜，考慮配色和味道選擇即可。白腎豆等豆類也很適合。調味料包括培根（鹽醃豬肉或香腸也可以）、橄欖油、大蒜、番茄、鹽。

由於是多種食材放進一口大鍋裡蒸煮，為了避免變成大雜燴，食材放入鍋裡的順序和時機就非常重要。直徑三至四公分的小洋蔥不用切，其他的食材則配合小洋蔥的大小切塊。馬鈴薯和紅蘿蔔事先用水煮熟，其他的蔬菜則是生的狀態。不要忘記先用鹽去除茄子的澀味。

鍋裡放入蔬菜、大蒜、番茄，上面淋上橄欖油，撒少許鹽，再放上培根或鹽醃豬肉，接下來就交給一百八十度的烤箱。

完成後放在餐桌中間，「想吃多少拿多少」。冷卻之後也很美味，可說是用最少的勞動力換取最大成果的料理。

母親擁有豐富的料理相關知識和龐大的練習量，不是突發奇想，而是根據靈感製作出新的料理。

有一次，加拿大的法裔神父來我們家作客。剛好是午飯時間，母親端出了這道蒸煮沙拉，神父於是說：「啊，真令人懷念。」神父的母親去教堂之前就會將類似這道蒸煮沙拉的菜餚放入烤箱，回來之後馬上就可以吃。對神父而言，這是週日的饗宴。

母親聽完之後流下淚來。世界所有的母親想的都一樣。

使用多種蔬菜，不花費太多功夫就可以烹煮出溫暖好消化的料理，這道菜也很適合游完泳之後肚子著涼的孩子享用，非常受到歡迎。

參考異國文化就容易突破瓶頸

聽到我是辰巳濱子的女兒，也許很多人會認為我一定向母親學了許多烹飪的技巧。事實上卻非如此。比起技巧，母親教我的是**道理**。例如烤海苔的時候只要烤四個角，中間自然就會熟；煮豆子的時候要在炭上加灰；烤魚乾的時候要開大火，離火遠一點烤等。

母親天生就非常擅長烹飪。「這麼長時間在一起相處、一起吃、一起看，如果這樣還需要教才會，還不如不要當人。」母親如此說著，不肯教我烹飪技巧，更不用說教我怎麼發揮靈感。

就算如此，之所以經常有人跟我說：「辰巳女士，您怎麼會有這樣的靈感？」那是因為我們母女二人一起走在同一條道路上。此外，與異國文化的接觸也是一個重要的因素。

我最早去的是義大利。《婦人之友》的人要去羅馬學習，我也加入他們的行列一同前往。當時是一九六〇年代中期，還是螺旋槳飛機的時代。我們在義大利停留了四十至五十天，我當時四十二歲。

為什麼我要一同前往呢？與其說想看看義大利的料理，我更想知道米開朗基羅怎麼可以一個人創作出那麼多作品。我想知道他到底吃了什麼？到底什麼是他的能量來源？

我得到的答案是小牛骨。西洋的湯稱作「fond de veau」，基本上就是以小牛骨熬製的高湯。無論是什麼菜餚，就連煮青菜也會加一點小牛骨高湯，而且是每天都會用到。我認為這就是能量的重要來源。

不僅如此，我在義大利感受到異國文化的有趣之處：民族的歷史與智慧。無論好壞，對**事物**的看法和處理方式與日本不同。

第一次在義大利人的家裡吃義式麵疙瘩的時候，我心想：「糟了。」「原來這就是對異國文化的無知。」喚起了戰時爭奪食物的悲慘記憶。

麵疙瘩使用的材料，我們在戰時也都可以找到。唯一沒有的是乳酪，馬鈴薯、洋蔥、番茄都可以找到。如果當時知道義式番茄紅醬（salsa pomodoro）的做法，馬鈴薯或茄子不知道會變得有多好吃。一想到因為無知而忍受多年，就覺得非常不甘心。

僅短視地看著眼前的東西，無法發現更重要的事。必須用與平常不同視點，從更遠的角度觀看。

我從當時的經驗當中學到，從不同的角度可以看到事物的本質。我的「經驗檔案」就是這樣自然而然地累積。

用義式蔬菜湯的做法製作日式根莖蔬菜湯

說到我學會的義大利家常菜，那就是蔬菜湯（minestrone），尤其是蒸炒的技巧有助於我之後改善許多其他的料理。

善用橄欖油收斂洋蔥、紅蘿蔔、芹菜、馬鈴薯、番茄的苦澀味，有如**讓蔬菜出汗**一般，依序拌炒。加入湯的時候幾乎所有的蔬菜都已經熟了，因此蔬菜的味道不會互相影響。

我認為這個誕生於義大利家庭的製作方式非常優秀，於是靈機一動，不知道用這樣的手法製作日式根莖蔬菜湯會如何？

母親是忠貞的國粹主義者，但在吃到以蒸煮的手法製成的根莖蔬菜湯時大吃一驚。母親非常高興，說道：「以後我們家的根莖蔬菜湯都要這麼做！」立刻加入每天的菜色當中。

根莖蔬菜湯與蒸煮蔬菜相同，都是源自這個國家大地的食物。材料包括白蘿蔔、紅蘿蔔、牛蒡、蓮藕、里芋、蒟蒻、香菇等。這些食材都有藥食同源的根據，加上高湯和豆腐。

我們的祖先將避秋寒、為嚴冬做準備所需要的東西都集中在這一個碗裡。希望不要嫌麻煩，一次多做一點，多吃幾碗。

關於根莖蔬菜湯，我小時候學到的做法是先炒豆腐。但如此一來豆腐會吸走所有的澀味，不是太好的製作方式。另外，根莖蔬菜湯的缺點是因為加了許多根莖類蔬菜，因此湯汁容易受到這些蔬菜的影響。過去的做法很難避免各種蔬菜的澀味相衝。

這時候就需要出動義式蔬菜湯的烹調手法。

油可以收斂澀味。日式根莖蔬菜湯的食材中澀味最明顯的是牛蒡，因此一開始先拌炒牛蒡。將切好的牛蒡放入未預熱的鍋裡加入橄欖油，用木鏟拌勻，確保橄欖油均勻分布，之後開火。蓋上蓋子，有如要讓牛蒡出汗一般蒸炒。

等到牛蒡五分熟的時候放入紅蘿蔔。蔬菜配合牛蒡切成一樣的尺寸，不要有大

應用義大利烹調手法製作的日式根莖蔬菜湯

有小。牛蒡之後會釋出暫時吸進去的油，用這個油拌炒其他蔬菜。

之後加入蓮藕和蒟蒻，接下來是白蘿蔔和香菇。每加入一樣食材就重複蒸煮的工序，將蔬菜加熱至七分熟。加入油豆腐皮，加小魚乾高湯蓋過食材，再加入少許的鹽和淡口醬油。

如果用這種方式製作，則小魚乾高湯不會變成茶褐色，而是維持清澈的顏色。從這裡就可以看出蔬菜的澀味受到抑制。

這時候再加入切塊的里芋，里芋要在小魚乾高湯和鹽之後加入。里芋放到水裡之後就會產生**黏液**，鮮味也會跑掉，所有薯蕷科的薯類都一樣，請大家一定要記住。加入適量的小魚乾高湯，等到里芋煮軟之後，最後加入豆腐塊，再用鹽和淡口醬油調味。

藉由慢慢蒸炒，所有蔬菜都不會影響其他蔬菜。牛蒡的香氣不會跑到白蘿蔔或紅蘿蔔裡，也不會變成大雜燴。帶出所有蔬菜美味的清爽根莖蔬菜湯就完成了。

誕生於民族「生存之道」的食物

使用義式蔬菜湯的手法製作日式根莖蔬菜湯，是重新審視飲食文化的其中一個例子，我的料理全部從根本經過異國文化的洗禮。

本國的瓶頸，可以藉由接受異文化的洗禮找到解決之策。

不僅是飲食方面，當發生無法僅用本國的常識解決的事情時，不如試著用異國文化重新審視，想必會有所發現。

我曾多次前往西班牙。無論是義大利或西班牙，看到普通的家庭如何烹調食物的時候，讓我最吃驚的是他們對生火腿的使用方式。他們不僅僅將生火腿切成薄片吃，更用來**代替鹽**。

他們會將生火腿的骨頭和碎片放入湯、醬汁、燉物中。煮豆子的時候會用生火腿當做味道的基底。著名的生火腿肉排（saltimbocca）也是為了補足小牛肉的味道而放上生火腿。生火腿的這種使用方式本身就是一大發現。

那邊的著名廚師不會將這種用法寫進食譜書裡，或許是實際上雖然這麼用，但過於平常而不需要特別註明，且用量因人而異，沒有固定的分量。

去到當地人家裡的廚房，會發現他們經常使用生火腿，有的家庭一年可以用掉一支生火腿。這想必是沒有發酵熟成調味料的國家所發展出的智慧。

生火腿是歐洲民族在「生存之道」孕育出的保存食品，可說是相當於日本的鰹魚乾。料理家若林春子曾經寫下關於二次大戰時他在歐洲的經驗，回想起「帶著一塊生火腿逃離戰火」。

生火腿真可謂是養育生命的食物，值得敬畏。

鎌倉的風帶給我的靈感：製作生火腿①

從歐洲回來之後，我想要做出記憶中的味道讓雙親品嘗。然而，當時的日本根本買不到生火腿，但如果沒有生火腿似乎有些美中不足。

在歐洲，生火腿就好像是味噌和醬油的替代品，製作歐洲的料理時，沒有生火腿是不是就做不出正宗的味道呢？雖然我也知道應該製作生火腿，但有人告訴我，像日本這般濕度高的國家，做不出生火腿。

我住在鎌倉一個名為谷戶的山谷裡。有一天，我走在山裡汗流浹背時，突然吹來一陣風。啊，真是令人舒爽的一陣風，汗也止住了。這時閃過一個直覺：既然有這麼舒爽的風，一定可以製作出生火腿。

我立刻查找生火腿的製作方式，但所有的食譜書裡都沒有寫到生火腿的製作方式。西班牙的食譜書雖然有寫到「jamón（火腿）crudo（生）」，卻沒有最重要的製作方式。只寫道：「稍微用鹽清洗，放上Pimenton（具有防腐防蟲效果的甜味辣椒）後風乾」。就好像食譜書上不會寫鰹魚乾的做法一樣，結果我還是自己思考製作方式。

「好像養了一名強盜」：製作生火腿②

所謂生火腿，指的是鹽醃生豬肉之後風乾製成的食品。鹽如何滲入豬肉、加多少鹽才適當等，只能自己嘗試。

我用好幾個木桶鹽醃了好幾支豬腿肉，等到入味至一定程度後洗乾淨，稍微煙燻之後放在照不到太陽的地方風乾。

雖說是煙燻，但如果是熱的煙，則肉很容易腐爛，想來必須使用冷的煙。到底該怎麼做才好呢？我於是搭建了專用的小屋，請板金工廠幫我製作了我自己設計的裝置。母親說：「好像養了一名強盜。」所需的花費就是這麼多。

僅僅小屋就花了八百萬圓，加上馬達和棚子共一千萬圓。一支豬腿肉八千圓，一次製作一百支以上，全部花了大約二千萬圓。這已經是四十多年前的事，這時母親已經過世，用的是父親的錢。話雖如此，當時對於花錢這件事沒有太真實的感受，只是一心想著製作生火腿。

因此，當時下定決心絕不能失敗！吊掛了幾百支重達十一公斤的巨大豬腿肉，但沒有浪費任何一支。

我是在四十五歲左右時展開這項工作，每年持續進行改良，至「終於做出正宗的味道」為止，總共花了十五年。這是我花最長時間製作的料理，不過是一個非常愉快的經驗。

在製作開始二十年後，在當時的大分縣知事平松守彥先生的委託之下，我教授久住高原的養豬戶如何製作生火腿。久住高原的生火腿是受到中村勝宏廚師稱讚的料理之一，帶有鹽味的脂肪，其美味不可言喻。慢慢烤至酥脆，或撒在披薩上烘烤，別有一番風味。

我忘不了這個味道，其實在二〇一六年底，我又嘗試做了四十支左右的生火腿，緊實的觸感無可比擬。

經過分析的經驗才有用：製作生火腿③

透過製作生火腿，我學到**食材與鹽的關係**。

我向來使用醬油和味噌，以蔬菜、魚、肉為材料，製作了各式各樣的保存食品。然而，在挑戰製作生火腿時還是有新發現：原來自己一直以來都是在與「鹽」打交道。

對鹽有更進一步的理解，這比完成生火腿更令我開心。

例如「撒鹽」，由於使用的是大的豬腿肉塊，不容易撒勻，因此每個地方的味道應該多少有些差異。然而實際品嘗後發現，鹽味非常均勻。有些地方沒有沾到鹽，卻有鹽味。

鹽會自己旅行。

這是歷經二十年才終於了解的事。反覆操作是一件非常重要的事。不是僅僅反覆操作即可，還要確實記取教訓，同時思考為什麼會這樣，進行分析和建檔。如此一來需要的時候就可以立刻拿出來用。

經驗要經過分析才有用處，直覺就是從這裡誕生。

成為等待自己的人

我認為自己之所以能夠持續製作生火腿長達二十年，是因為我學會了等待。

我很討厭磨磨蹭蹭，甚至也曾看不起拖拖拉拉的人。原本個性如此的我，在經歷長期與病魔打交道的生活後，變得非常氣長，也變得擅長較費時的料理，製作生火腿就是最好的例子。

現代人都非常忙碌。各種資訊充斥，許多人不忙反而靜不下心。然而，「等待」也許可說是一種文化。

創造出能夠等待的自己。不要用其他東西代替，在原本的自己奮起之前靜心等待。

如果無法成為等待自己的人，那麼也無法等待其他事物或其他人。

母親十五年來，從未催促因病無法起身下床的我。

人努力到某種程度之後，接下來就交給自然。製作生火腿也一樣，做到某個程度之後，接下來就交給風土。看著風土帶來的變化有一種說不出的樂趣。

事物也有**事物的自由**。**事物本身也有自己想要前進的方向**。

我原本的身體並不強健，比起靠自己，或許一直以來仰仗了各種事物才有今天。

人生也相同，人在做完應做的事之後，將剩下的交給神會更輕鬆。

湯品圖表有其意義

下面舉出分析和分類的例子。

包含學生時代在內，我製作湯品的經歷將近五十年。恩師加藤正之先生於大正末至昭和期間，於宮內廳（舊宮內省）的大膳寮與秋山德藏先生共事。他修習湯品長達十四年。

加藤先生反覆強調：「湯品是第一道上桌的菜餚，最不允許失誤。」這也成為之後我製作湯品的基礎。

照顧父親培育了我對湯品的想法。父親半身不遂，罹患吞嚥困難的疾病長達八年，其中的三年都是靠湯品支撐。

我最先讓父親喝的是芹菜濃湯。除了西洋芹、洋蔥、馬鈴薯之外，再加入用果汁機打成泥狀的酒蒸比目魚補充蛋白質。父親一口氣喝下，笑瞇了眼。

湯品有什麼優點呢？首先，容易吸收。比起人的欲望，其實細胞本身更渴望湯。有點黏稠的湯也適合吞嚥困難的人品嘗。這是比黏稠劑更自然的黏性。

我從一九九五年開始經營湯品烹飪教室。我曾經製作湯品給鎌倉探訪照護診所的病患喝，為了希望就算我不在也能持續供應湯品，於是開設了烹飪教室。

我的湯品教室一定會貼上圖表。

首先將湯品分類為「日式湯品、醬汁」和「西式湯品」。

日式湯品又分為「煎湯」「清湯」「味噌風味的湯」。糙米湯、香菇湯算在煎湯之內；清湯包括素高湯、第一道高湯、小魚乾高湯、日式肉湯、海鮮湯；味噌風味的湯包括海鮮湯和味噌湯。

西式湯品則會先分為「potage clair」（較清的濃湯）、「potage lié」（濃稠的湯）、「洋蔥、日本蔥的湯」、「蔬菜燉肉鍋」（Pot-au-feu）、「切碎的蔬菜湯」、「海鮮湯」、「豆湯」、「冷湯」，下面再寫上具體的湯。

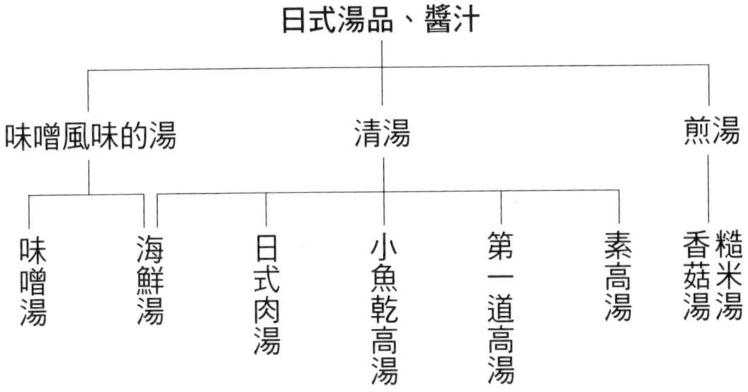

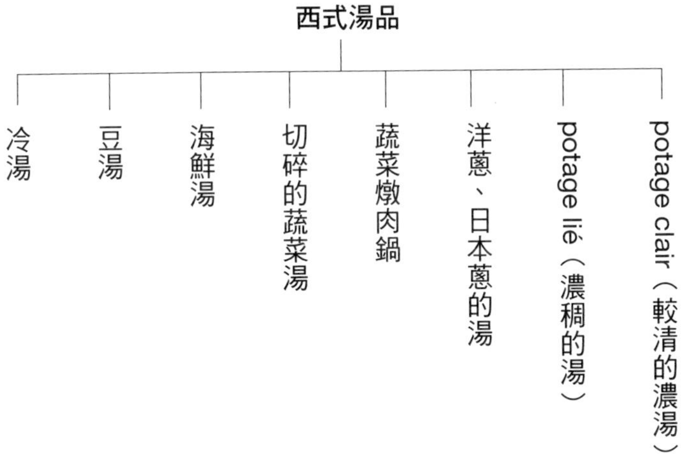

湯品圖表
（根據辰巳芳子《為了你——支撐生命的湯》製成）

這個「湯品圖表」有其意義。

特別注意粥的理由

製成圖表能讓湯品教室的學生或看書的讀者更有系統地理解，而不僅是以個別處方看待。不是單純地聞一知一，而是能夠聞一知十。這些都是靈感的根源。

我將做給父親喝的各種湯品和加藤先生的做法進行統整，儲存至我的「經驗檔案」中。人的天性會想要將聽到的東西、製作的東西、累積的經驗等進行分類。我將各種湯品的分析結果、食材和烹調手法的組合等畫線分類，不知不覺中，湯品在我的腦海裡逐漸彙整成圖表。

我將這些彙整出版了兩本書（《為了你——支撐生命的湯》《續　為了你——粥是日本的濃湯》），第二本的主題是「粥」。

之所以注意到粥，是因為在各地教人製作湯品時，我發現其實難度很高。在平常沒有喝湯習慣的地方教授如何製作湯品，很難得到具體的效果，於是我想到了粥。

日本的米甚至連侯布雄大廚都羨慕，全世界再也找不到這種同時具備黏稠和清爽特質的米。你不妨試試將米湯淋在烤過的麻糬上，是一道就算出現在宮中晚宴當中也不遜色的料理。

粥是日本人可以向全世界誇耀的濃湯，是支撐人生之初和人生之終的食物。

在許多人的支持之下我得以出版這兩本書，想必父母都為我高興。

讓每天的生存更容易的「延伸料理」

為了實踐聞一知十，我建議可以嘗試「延伸料理」。想必這是大家不習慣的詞彙，下面舉出具體的例子說明。

蒸或煮根莖類蔬菜和薯類蔬菜，放進冰箱冷藏，輪流使用。

每週固定一天熬高湯，放入冷藏或冷凍供一週使用。用這個高湯製作二杯醋（譯註：等比例的醋和醬油）、三杯醋（譯註：等比例的醋、醬油、味醂）、八方醬汁（譯註：高湯、砂糖或味醂、醬油以8：1：1的比例製成的醬汁）等備用。

烤或蒸一公斤的肉備用，可以用來製作各種料理。

魩仔魚乾炒好備用，冷藏或冷凍保存。

盛夏如果買到大量番茄，則可製成義式番茄紅醬備用，也可運用在各種料理上。

也就是說，不僅考慮當天，藉由「延伸」一道料理，讓生活更「寬裕」。根據人數準備一次食用的量，人數愈少，對這樣反覆的工作想必愈覺得空虛。說得誇張一點，甚至有人會覺得重複單調的廚房工作有損自尊。發現並承認這樣的感受也是一件重要的事。

對原本並不喜歡料理的我而言，因為解答了「人為什麼一定要吃東西」的疑問，再加上這些「延伸料理」，終於從每天廚房工作與自尊的衝突當中獲得解放。寬裕和自尊密不可分。

我試著從廚房工作當中找出寬裕，自然而然地浮現在我腦海的詞彙就是「延伸」。「延伸」根據字典的意義是：「伸展、擴展，現狀改變。切開一個立體，擴展至一個平面，延伸發展。」我看到字典的解釋，想出了「延伸料理」這個詞彙。

在眾多生物中，只有被稱作「人」的我們能夠藉由料理創造出良好的飲食環境。培養直覺，希望能夠在一個廣大的平面從事刷新生命這個不容鬆懈的任務。

感到不方便是改善的第一步

下面看看廚房用具。

什麼是用具？用具是默默協助人類的物品。請大家找到好的用具，讓廚房工作更有效率。

如果能夠善用用具，那麼廚房工作會變得輕鬆有趣。相反地，一個用具也有可能會讓你失去自我尊嚴。

找不到好的用具時該怎麼辦呢？請自己改良。這裡需要發揮的就是直覺。

例如，拌炒的時候最重要的是鍋鏟的形狀。

製作糙米湯拌炒糙米時，絕對不能使用所謂的飯勺。由於需要拌炒二十至二十五分鐘，手會燙得受不了。必須選擇握柄長且接觸鍋底的那一面較廣的鍋鏟。我一開始是拿西洋的鍋鏟自己削成需要的形狀，後來請職人幫我製造。

在還小的時候，我對研缽和研杵的木頭形狀感到困惑。

搗芝麻時，壓住研缽不讓研缽移動就是當時十歲的我負責的工作。研缽和研杵的接觸面約直徑一公分。因此，「還早、還早」，將芝麻磨成泥狀需要非常漫長的時間。啊，真是非常累人，難以忍受。

被迫做這個累人的工作是我日常生活中很大的矛盾，我一直想著必須改良，經過幾十年，終於找到理想中的用具。

在看到在大分縣日田市的山裡製作出的「小鹿田燒」時，立刻決定：「就是它了。」

這種陶器的特徵是由細的金屬棒所勾勒出的獨特圖案。看到這個抓搔般的圖案時心想，這些人一定很想抓搔，靈機一動想到請這些人幫我做研缽。為了讓接觸的部分更廣，於是請他們做了一個五公厘左右的弧度向外展開。

接下來是研杵。若想要擴大接觸面，頭最好要大。我琢磨著請木芥子（註譯：刻意放大頭部的手工木偶）的職人製作最適合，剛好遇到一位山形縣的職人，他用櫻花木幫我做了一支好像是木芥子的研杵。筆直的研杵與前端是圓形的研杵，所需要耗費的勞力完全不同，只需要花費三分之一的勞力，工作卻快了三倍。

只要有這個研缽和研杵，涼拌菜一下子就做好了。小時候感受到的抗拒直到七十歲都忘不了，一直思考有沒有什麼好辦法，終於有了成果。

仔細觀看、仔細聆聽、仔細觸碰，徹底思考這些運用感應力所獲取的資訊，如此一來一定可以找到改善的良策。這個道理不僅限於料理。

右側是經過改良後變得容易使用的鍋鏟（左）。研缽和研杵（右）

正視事物的本質

我剛剛提到改良用具的重要性。然而，就算要提升效率，我也不會使用壓力鍋或微波爐，那是因為我對於用蠻力處理食材感到抗拒。

從營養學的觀點看，或許使用什麼用具製作都一樣。然而，我認為本質不同。為了能夠確實以應有的方式製作，首先必須正視事物的本質。其次找到事物的法則，依照這個法則執行。

我曾說：「接受事物的引導。」不論是好是壞，這樣可以**放下自我**。道元禪師之所以重視「典座」的工作，想必也是基於這個理由。

閱讀馬上可以用到的食譜書也許可以度過一時，但以長遠的角度看，當中找不到有所助益的東西。

有耐心地花費時間，確實做好每一件事，有時候也需要閱讀關於事物本質的書。如此一來，你「對焦」的方式想必也會愈來愈好。

請大家藉由料理磨練感應力，培養直覺，成為在**緊要關頭**也不慌不忙的人。

下一章要說明遇到緊要關頭時該如何準備，如何迎擊。

第四章

「緊要關頭」起身迎擊

吃牛筋和魚骨
是在鞏固生命之根基

為了不成為茫然等待**關鍵時刻**的人

接下來這一章，將比前面幾章更具體地講述關於必須身體力行這件事。

活到現在，我經歷了許多辛苦的事。

戰爭時發生了許多就算丟掉性命也不足為奇的事。在九十發的燒夷彈雨中，我奇蹟似地生存下來。

沒有比戰爭更罪大惡極的事，關於這一點，本章最後會再提及。

現在，國與國之間的紛爭和企業的利益交錯，包括水資源不足和糧食危機在內，大地震、核災事故、地球層級的環境問題等，充滿使人不容易生存的狀況。個人、地區、國家、世界整體，每一個層級都必須有迎擊「緊要關頭」的決心和準備。請大家不要成為束手無策，茫然等待**關鍵時刻**來臨的人。

話雖如此，也沒有必要過度警戒。從日常生活當中為緊要關頭做好準備即可。

為了容易生存而吃，為了容易生存而生活。「食」這一扇窗雖小不起眼，但其實廣而深，且非常明確、明瞭、清楚，透過這扇窗傳遞各種訊息，可以影響國家，左右地球環境。

孕婦沒有好好吃東西

一開始先來看看最近飲食的傾向。

我曾拜訪東京江戶川區松嶋醫院的院長。據他所說，現在的孕婦都傾向簡便飲食，很少確實吃自己烹飪的料理。這一點讓我非常吃驚。大家雖然吃了很多蔬菜，但大多是沙拉。用高湯製作的涼拌菜或燉煮物幾乎不會出現在餐桌上。

院長如此說道：

「粗糙的飲食，也沒有做好不讓身體虛寒的功夫。因此，很多人在生產的時候不會陣痛。還有許多人雖然有陣痛，但分娩異常。」

這是五年多以前的事，不知道最近的狀況如何？

在一般醫院生產的人，約百分之二十四是剖腹生產。新生兒十人中就有一人出生時的體重未滿二千五百公克。據說出生時體重輕的人，長大之後容易罹患生活習慣病。

我感受到這樣的危機，曾於二〇一〇年進行飲食相關調查。二十多歲至六十多歲的受訪者五百名，請他們分別寫下早中晚三餐「實際吃的東西」「想吃的東西」「覺得應該吃的東西」。同時關於不下廚的理由，請他們從「覺得麻煩」「不知道怎麼做」「太花時間」的選項中勾選。

想必大家已經可以預料調查結果。幾乎沒有人確實攝取早中晚三餐，尤其以不吃早餐的人最多。另外還發現簡便飲食的氾濫。

食等同呼吸，嚴肅地包含在生命的結構之中。每一餐都是生命的刷新。

然而不僅年輕人，就連即將生產下一代的孕婦也沒有好好吃飯。我現在對日本和日本人的未來感到憂心。

也推薦給奧運選手的超級麥片

那麼到底要吃什麼？怎麼吃？

首先是早餐。如果能吃味噌湯和白飯當然也很好，但我的早餐有些不同。早上需要的基本營養是什麼呢？我在思考許久後找出的結論是「超級麥片」。超級麥片也許是大家不熟悉的詞彙，這是我參考瑞士高地的飲食法「木斯里」（Müesli）所想出的原創料理。以適當的比例加入燕麥、全蕎麥粉、糙米胚芽、小麥胚芽、大豆粉、紅豆粉、芝麻製成。

營養價值方面，蛋白質、纖維、礦物質（鈣、鐵、鈉、鋅等）都遠高於胚芽米、糙米或是吐司。所有材料皆是日本國產，堅持有機無農藥，用低溫慢慢加熱。我請北海道深川市板倉廣場飯店製作。

我剛剛寫到「瑞士高地的飲食法」，到底什麼是木斯里呢？教我的安東尼奧・克魯索先生，也是教我義大利料理的大師。

據說瑞士的高地有一群人幾乎每天只吃混合不同麥種的麥片過活。克魯索先生聽聞後對人類僅靠這樣東西就能生存感到不可思議。

之後，德國神父和修女來到日本，一起居住了十一年。二人每天早上都吃一大碗瑞士高地的人們吃的東西。

前一天先把材料準備好，早上加入優格拌勻後享用。在他們的推薦之下我也加以嘗試，發現吃完後不容易餓，而且一整天都很有精神。我瞪大了眼，啊，原來這就是木斯里。

依照藥食同源、醫食同源的原理，我使用日本風土培育出的食材加以改良，製作出「超級麥片」。

基本上不調味，僅偶爾加一點蜂蜜。穀類和豆類各有風味，愈咀嚼味道愈豐富。前一天晚上先將優格泡在牛奶裡，也可以搭配一點蘋果和香蕉。如果再配上黑麵包、新鮮的蔬菜或水果、乳酪等，就可以攝取一整天所需要的營養素。

自從開始吃超級麥片之後，早上是我不放縱味覺的「自律早餐」，且砧板和火

經過多次改良的「超級麥片」

的使用也降到最低。收拾完晚餐之後準備明日早餐的材料，再插上一朵花後就寢。起床後只要坐上餐桌就可以享用早餐，對於維持一整天的專注力有很大的幫助。

我希望孕婦和奧運選手都能吃這個超級麥片。

牛筋和骨頭消除疲勞、撫育生命

晚餐又該吃什麼呢？

我最近推薦的食材之一是牛筋。前幾天我在電視上看到體操選手內村航平談到

「疲勞很難消除」，我想到的是希望他吃牛筋肉。說到消除疲勞、培養肌肉，沒有比牛筋肉更好的食物了。因為這畢竟是牛的「筋」。

我家的冷凍庫裡，一年到頭都冷凍有煮好的牛筋肉。在工作疲憊的晚上，把牛筋肉從冷凍庫放入冷藏，與烤過的蔥一起做成火鍋享用。加入滿滿的白蘿蔔泥，再沾擠了檸檬的柑橘醋享用，真的可以消除疲勞。

這是我靠著直覺想出的料理，但研究之後發現，牛筋肉的確含有牛其他部位所沒有的特殊營養成分。

下面簡單介紹做法。

一公斤的牛筋肉大約一千圓，與其他部位相比相當經濟實惠。請至少購買二公斤，接著一次全部處理完畢。

首先將牛筋肉用加了切片檸檬的熱水燙過後放入冷水靜置三十分鐘。撈起來後放入鍋內，加入蔥、生薑、昆布、乾香菇、日式酸梅、鹽，以及滿滿的水，燉煮至牛筋肉軟爛為止。煮好之後取出蔥和昆布。使用燜燒鍋烹煮更有效率。經過一晚之後，湯汁內的脂肪就會凝固，將脂肪取出即可。牛筋則連著湯汁一起分裝冷藏或冷凍保存，隨時可以吃。

火鍋、味噌湯、咖哩、燉煮、炒，運用各種方式補充營養。

做成火鍋時，與蔥非常搭配。蔥可以提升免疫力，搭配毅力堅強的庄內產紅蔥，可與牛筋肉不可言喻的強韌達到平衡。

如果是春天，則可以搭配切成細絲的紅蘿蔔、西洋芹，加上削好的牛蒡絲、水芹、鴨兒芹、薺菜、蒲公英等含有強烈香氣的蔬菜，享受蔬菜的清脆和牛筋肉的滑嫩所帶來的不同口感，別有一番風味。

無論是孕婦或是奧運選手、肌力差的人、想要長肌肉的人都可以吃。牛筋肉富含日本人不容易攝取的膠質，當然對關節也有很好的影響。由於事前處理時已經完全去除油脂，因此幾乎沒有脂肪。低卡路里，富含膠原蛋白，又不會攝取動物性脂肪，非常適合想要攝取蛋白質的人食用。再加上經濟實惠，優點何止一箭三鵰。

事前處理的時候如果使用燜燒鍋則可以事半功倍。吃這種食物是撫育生命最好的方式，請大家一定要將牛筋肉融入日常的生活裡。

最近的日式料理傾向丟棄骨頭和內臟

拉麵似乎還是非常受到大家的喜愛，大家真的時常吃拉麵，這是為什麼呢？尤其工作疲憊不堪的人想必特別想吃拉麵。

我認為這是因為身體可以藉由啜飲豬骨熬煮的高湯，無意識地補充日式料理中缺乏的成分。

如上一章所述，西歐的高湯是長時間熬煮小牛的骨頭和尾巴而成，因此從小就能夠攝取骨頭的成分。看到米開朗基羅的工作，必須擁有超人的體力和耐力才有辦法完成，想要孕育出這種力量，依靠的還是食物。不是類似生魚片的吃法，而是充分攝取包括骨頭、皮、筋、內臟、尾巴在內的食物整體，正因如此，才有辦法完成那樣驚人的雕刻作品。

日本人是海洋民族，可以不費力地享用海洋的生物。我認為正因如此才會出現如生魚片這般的食用方式，這樣的吃法總會有些營養成分無法攝取。這成為整個民族的弱點。

最近的日式料理傾向將骨頭和內臟丟棄。由於這些東西不受重視，這讓日本人的體質有些地方不夠強健，也成為年輕人生命的弱點，在緊要關頭欠缺體力和韌性。

不僅是牛筋肉，我們也必須積極攝取骨頭、皮、內臟等過去被丟棄的部位。也就是所謂的「全食」。魚的話包括魚骨、血合肉、中骨。若不練習從這些部位攝取營養或滋養，到了緊要關頭時無法立刻習慣。

第二章介紹了小魚乾高湯的熬煮方式，請大家也學會小魚乾高湯加魚骨熬煮高湯的方式。鰹魚也相同，可以從原本被丟棄的中骨當中吸收精華。首先將中骨烤過去除腥味，之後再花時間慢慢熬煮。

賣魚的店會幫客人將鯖魚等去骨片成三片，請一定要帶回去除的中骨，紅燒魚的時候可以放進去一起燉煮。骨頭不僅富含魚肉所沒有的營養成分，也會讓味道更有深度，相信大家可以實際感受到美味。

以前吃完紅燒魚的魚肉之後，會加熱水至醬汁裡享用。正因為是現在這個時代，也有必要學會這樣的吃法。

支撐坂本龍馬的魚骨湯

順應風土而食、品嘗季節美味，這些都是我們的祖先視為理所當然的事。季節從餐桌上消失除了是生活型態改變造成的結果，更大的原因是保存和運送方式的進步。然而，人也是自然的一部分，最好吃當季的食物，這一定會成為生命的養分。

如果自然環境出現變化，那麼我們也必須隨之改變吃的方式。

日本的夏天改變了。既然天氣變得如此酷熱難以忍受，那麼我們也必須盡早做好迎擊的準備。

到了五月就是鰹魚的季節。鰹魚是洄游魚類，如果沒有游動就會死亡。因此，鰹魚儲備有充足的肌肉、血，以及強健的骨頭。不要只吃生魚片，也要攝取血合肉和骨頭的成分。

這是我去高知縣時聽到的故事，據說坂本龍馬經常吃鰹魚的魚骨湯。我心想，啊，原來如此。如果不是這樣的話，想必無法發揮此等勇氣與行動力。

紅燒魚骨時要加酒、砂糖、醬油、味醂，調味稍重，醬汁可以留下來燒豆腐等。這是我希望工作繁忙的人一定要品嘗的料理之一。

說到鰹魚就會想到血合肉。現在平常很少人會吃血合肉，因為是血，所以容易腐壞，但我會用味噌燒血合肉。

先快速拌炒血合肉的表面，讓血不會流出來，之後切成小塊備用。平底鍋拌炒切碎的生薑和糯米椒，加入血合肉炒至乾爽。等到幾乎沒有水份之後淋上泡盛（編按：一種特產於琉球的蒸餾酒，燒酒的一種），再加入味噌拌炒。用這種方式製作的鰹魚味噌最適合當下酒菜。由於八丁味噌比較硬，可以事前切成小塊備用。土佐的鰹魚搭配愛知的八丁味噌和沖繩的泡盛。八丁味噌可以抑制血合肉的腥味，非常美味。

很可惜，四國地區的人們沒有發現這一點。我認為接下來將進入連血合肉、皮、骨都必須一起「全食」的時代。

從貝殼得到滋養

日本的風土所孕育出的食材中，我希望大家重新審視的是貝類。

日本到處都是貝塚，想必全世界除了日本人之外找不到第二個民族如此親近貝類，甚至可以堆出這麼多貝塚。

《古事記》和《日本書紀》中出現許多貝類的神話故事，女兒節的主角也是貝類。貝類自古以來就是日本人的重要食物。日本的貝類多不勝數，只要去海邊，腳底下就可以找到，到處都可以捕獲貝類。

貝類的成分有助於腦部神經的活動。包括宮大工（譯註：負責神社佛閣建築的工匠）在內，日本人細緻手工打造出的傳統工藝品享譽全世界，有人說這些美和懂得欣賞的美感，以及細膩的感性，都是吃貝類培養出來的。

然而，最近完全捕不到貝類。貝類也失去了以往的活力。

最先告訴我們環境發生變化的或許就是貝類。

蛤蜊撒上鹽，搓揉將貝殼洗淨

母親感嘆：「貝類的味道變了。」這已經是四十多年前的事。

然而，該如何是好呢？

把貝殼丟掉太浪費，我認為也必須從貝殼攝取營養。

根據自己培養出來的直覺，我都會把蛤蜊煮比較久。另外，如果將貝類煮成湯，味道較淡，因此我想到加入法國料理中使用帶有香氣的蔬菜製成的調味蔬菜「mirepoix」（切成薄片的洋蔥、紅蘿蔔、西洋芹、歐芹的梗、月桂葉、白胡椒）。鍋裡放入白酒和蛤蜊加熱，等到殼打開之後加入水和調味蔬菜，慢慢熬煮三十分鐘，製成蛤蜊法式清湯。蛤蜊和調味蔬菜一起熬煮後味道更飽滿，而且很有營養。想讓病人吃貝類非常困難，但如果是蛤蜊法式清湯，就可以攝取手術後需要的鋅等營養素。

我在接受大手術之後，請我的徒弟對馬千賀小姐每天都煮蛤蜊法式清湯給我喝。拜這湯所賜，我在手術後二週就可以恢復正常飲食。我在寫作時如果感到神經疲勞，也會喝這個湯，如此一來，疲勞感就不會殘留至隔日。

差不多同一時期，學習院女子大學教授品川明先生來我們家作客。從事飲食研究的品川教授說，他發現貝類的肉和貝殼之間含有驚人的成分，充滿於貝類的肉和貝殼之間的「體腔液」中，富含鮮味成分和礦物質。因此教授說只吃貝類的肉太可惜，連同貝殼一起熬煮才是正確的方式。

我並不是因為知道這件事所以才開始煮貝類湯。「這麼漂亮的貝殼，想必一定有應從貝殼攝取的成分」，我只是單純這麼想而已。想必是閃過的直覺。

牡蠣和蜆要這樣吃

大家都是怎麼吃牡蠣呢？歐美稱牡蠣為「海中牛奶」，是富有營養和滋味的貝類。如果找到好的牡蠣，最好一次多買一點。最好吃的做法還是炸牡蠣，剩下的牡蠣可以浸漬在油裡，延長保存期限，可以一點一點慢慢吃。每天早上吃三顆牡蠣取代雞蛋真的非常好，有助於消除腦神經的疲勞。

下面介紹做法。

牡蠣撒上鹽用瀝水網清洗，淋上少量檸檬汁備用。將牡蠣排放在平底鍋上，開火後放入大蒜和月桂葉。如果最強火力是10，那麼大概以4的火力加熱。翻面繼續加熱，直到牡蠣再度吸回釋出的精華為止。等到水份幾乎收乾後加入白酒（日本酒也可以），將牡蠣**集合**在一起。這是為了讓牡蠣吸取附著在鍋子裡的鮮味。

煮過頭就不好吃了，因此適可而止。不管什麼事，**均衡**最重要。將牡蠣放入經過殺菌的瓶子裡，倒入滿滿的橄欖油就完成了。經過半天的時間就會變得非常美味。

將牡蠣以這種方式保存，可以用來製作牡蠣西班牙海鮮飯，也可以做牡蠣濃湯。有人說一天吃三顆牡蠣，晚上睡覺不會出汗，對病人也很有助益。

也可以用牡蠣熬製高湯（Bouillon），這可是上等的高湯。首先將昆布、乾香菇、洋蔥、紅蘿蔔、西洋芹、月桂葉、胡椒顆粒以小火加熱約十五分鐘，加入白酒冷卻，製成冷的高湯。再加入洗淨的牡蠣，靜靜熬煮十五分鐘。

享用的時候只喝湯。大家會問那牡蠣和蔬菜該怎麼辦？請用來製作別的料理。例如做成牡蠣的咖哩也不錯。

接下來，天氣冷的時候要吃蜆。蜆可以護肝。肝臟負責代謝和解毒，暴露在現代這種環境汙染和壓力之下，最弱的臟器就是肝臟。如果是夏天，可以用八丁味噌做成蜆味噌湯。

貝類是養育日本人的重要食物，我認為這也是不能汙染海洋的重要理由之一。

提升免疫力的蔥天鵝絨醬和香菇醬

為了提升免疫力，我秋天至冬天一定會製作「蔥天鵝絨醬」（velouté）。根據富山大學研究所醫學藥學研究部生藥學研究室的研究，蔥具有提升免疫力等的藥效。「velouté」在法文代表「天鵝絨」的意思，指的是如天鵝絨一般滑順口感的料理和烹調手法。下面簡單說明。

取日本蔥的蔥白（如果是山形縣的紅蔥，則取紫色和白色部分）至少五至六根，切成三至五公厘的小段。放入未預熱的鍋子裡，淋上橄欖油拌勻，蓋上鍋蓋開火慢慢蒸炒。

為了避免燒焦，不時打開鍋蓋用木鏟拌勻，等到蔥變軟之後加入薑汁蒸炒。等到

做好的蔥天鵝絨醬裝入煮沸消毒過的玻璃瓶中（左圖），冷藏約能保存 5 天。在茶杯中舀入約 1 大匙的蔥天鵝絨醬，兌入 3/4 ～ 1 杯的熱水，再以少許鹽調味，即完成一人份湯品（右圖）

薑汁的水份蒸發之後加入雞高湯、鹽，熬煮至泥狀。

完成後裝進瓶子裡冷藏保存。每天取一大匙放入杯子裡，倒入熱水當做湯品飲用。自從我開始製作蔥天鵝絨醬後便很少感冒。

蘑菇醬（duxelles）同樣是法國料理的手法，是貴族想出來的醬料。將洋蔥、紅蘿蔔、西洋芹等香味蔬菜和蘑菇等菇類切成五公厘的小丁，慢慢地均勻拌炒至如味噌一般的質地後保存，可以運用在很多料理上。我將蘑菇改成日本國產的香菇，做成香菇醬。

未預熱的鍋子放入橄欖油、切成丁的洋蔥和紅蘿蔔、月桂葉蒸炒，加入切成丁的香菇蕈軸和蕈傘繼續蒸炒。淋上白酒，加入雞高湯、水、鹽，用小火熬煮至味噌狀。最後拌入帕瑪森乳酪就完成了。塗在梅爾巴吐司上就很美味。

大家都知道香菇具有抗癌的功效，實際上也是抗癌藥劑的原料，但想必香菇還有其他許多無法從藥物獲取的藥效。

新鮮的香菇吃不了太多，但如果做成香菇醬，與葡萄酒或日本酒都很搭配，很容易入口。

無論是蔥天鵝絨醬或香菇醬，都是混合日本的食材和西洋的手法，屬於「經過異文化洗禮的料理」。不知如何是好時，能夠依靠的是感應力和直覺，以及具體的練習。

避難糧食的準備不僅靠國家

二〇一一年三月十一日發生的東日本大地震，暴露出這個國家的脆弱和矛盾。無法控制的核災事故，現在依舊讓我們處於核能汙染這個與生命息息相關的危機中。日本的火山帶據說進入了活動期，不知道何時會發生何事。我們現在所處的就是這樣的時代。

我認為必須常備的食物之一就是粥的罐頭，如果有火可以加熱，也可以直接吃。我隨時準備的是新潟縣村上市（舊朝日村）栽培有機無農藥米的貝沼純先生製作的白粥和糙米粥罐頭。

日式酸梅和八丁味噌也是必需品。酸梅具有抗菌力，在發生自然災害時可以發揮作用。酸梅可以加進粥裡，也可以用五年熟成的八丁味噌搭配粥。

「根性鐵火味噌」也很好用。這是將紅蘿蔔、牛蒡、蓮藕、生薑切碎至芝麻般的大小後仔細拌炒，之後加入鰹魚粉（鰹魚炒過後磨成粉）和國產大豆八丁味噌（用刀子切細）持續拌炒，直到乾爽為止。這也適合夏天沒有食欲的時候吃。

接下來就是超級麥片。二〇一六年熊本地震之後，我收到住在熊本的徒弟寫來的感謝信。據說他在沒有其他東西吃的時候，乾吃超級麥片。當然，如果有水的話會更好下嚥，但非常時期也可以直接乾吃。所有的穀類只要經過加熱就可以保存，營養滿分，是非常適合常備的糧食之一。

大家知道什麼是「地獄炊」嗎？這是將水燒開後放入洗好的米的炊飯方式。炊煮所需的時間完全不同，是適合非常時期的做法，請大家一定要記住。

當發生災難時，只是等待國家幫我們想辦法恐怕會**失望落空**。無論發生什麼事，都必須準備十天份的水和相當於主食的食物。無論是個人、家族或是公司都一樣。

只要有米和大豆，總會有辦法

這個國家擁有什麼？缺少什麼？政府是否確實掌握這些資訊？如果說到能源或

鐵，這是國家的弱點，這些資源在之前的戰爭時已經枯竭。

我認為，只要有米和大豆，就算山窮水盡還是可以熬過來。

稻作，米，這是絕對不可以放手的東西。稻作支撐著生態體系，是日本最原始的風景，也是我們的主食，一切的關鍵。就連俁布雄對日本的米也懷有**敬畏之心**，他甚至說：「國際料理比賽時，如果日本端出米飯，我們會很煩惱要拿出什麼與之對抗。」日本人也必須自覺日本的米有多麼地美味。

花費大量的勞力和時間反覆改良，稻米的品質本身就是先祖的歷史。有著說不出的感謝。

過去，日本人炊煮白飯和粥的方式非常深奧。之所以使用過去式是因為隨著電子鍋的普及，炊飯的原理逐漸變成過去。如果沒有電子鍋，你會炊飯嗎？會煮粥嗎？

蒸飯、壽司真的是會讓人發出會心一笑的飲食文化，我甚至覺得令人愛憐。然而，炊煮的方式與用竈和釜的時代相同，原地踏步。接下來想必也必須向世界其他人學習稻米的烹調方式。

例如西班牙海鮮飯，不用洗米直接拌炒，不蓋蓋子炊煮。又例如燉飯，短時間一邊攪拌一邊炊煮。這兩道料理與日本過去烹調稻米的方式完全不同，一定有從中可以學習的地方。

蒸飯的缺點在於調味料和鮮味成分全部沉在鍋底。為了預防這一點，我會在炊煮中途上下翻攪。

日本俗語說：「就算孩子哭了也別取下蓋子（譯註：意指炊飯中途不可以把蓋子拿下來）。」但有時候也需要懷疑這樣的說法。

希望培育出會播種大豆的人

關於大豆100粒運動，請容我再多說一些。

栽種兒童一手可掌控約百粒大小的大豆，觀察並記錄、收成、品嘗，到了這個運動開始一年的二〇〇四年，信越放送對我的這項運動表示贊同。透過長野縣教育委員會等機構，得到縣內小學的推薦，長野縣之下三十二所學校的兒童都參與了這項運動。播種大豆、培育、收穫，觀察記錄生育狀況，將收成的大豆製成毛豆麻糬、豆腐、納豆等品嘗。

二〇〇三年，當我剛開始呼籲這項運動的時候，「播種的孩子」人數是零。翌年成長至二千人，二〇一六年達到二萬五千人。如果繼續下去，想必可以達到五萬人。

如果這個國家走到山窮水盡，有五萬人可以高喊：「種豆的工作就交給我吧！」這是多麼令人安心的事。

二〇一六年，我成功牽線農業高中的學生和豆腐店。位於北海道邙田郡名為真狩高中的農業學校，請他們的學生栽種有機無農藥的大豆，再請當地的豆腐店用他們種出來的大豆製作豆腐。

做出來的豆腐非常美味，一下子就賣完了。學生們將這個豆腐命名為「白鶴報恩」，包含了學生對用大豆製作豆腐和受到許多人照顧的感謝之意。

如果是有機無農藥栽種，日本的大豆價格很高。因此豆腐店請農業高中幫他們種豆子，學生體驗賣豆子賺錢，這是一種良性循環。當有一天農業高中的學生真正務農時，如果能夠自然地播下豆子，那就再好不過了。我非常期待這樣的活動。

聽說這所農業學校接下來會在小學教學生如何播種豆子。我認為農業高中的學生藉此對自己做的事情感到自豪是一件非常重要的事。

只要有稻米和大豆，這個國家總會有辦法。沒有能源是說不出的弱點，雖有弱點但只要擁有稻米和大豆，總會有辦法生存下去。

沖繩的救命藥和愛知的八丁味噌

由於日本是南北狹長的國家，因此北邊的風土與南邊的風土不同。在各自的土地上有各自的族群為了容易生存而創造出的獨特飲食方式。

沖繩對於鰹魚乾的特殊吃法被稱作「救命藥」（nuchigusui），nuchi 代表生命，

gusui代表藥。湯碗裡放入滿滿的本枯鰹魚乾，再放上少許生薑泥，淋上優質醬油後倒入熱水。

蓋上蓋子靜待三分鐘，打開喝湯。這就好像是讓人甦醒的藥，最適合因工作而精疲力盡的人或罹患急病的人飲用。想必這是天氣熱的地區才有的飲食方式。

愛知縣的八丁味噌也非常優秀。僅用大豆製成的八丁味噌擁有強大的力量，經過熟成之後，成分更強。經過三年、五年熟成的八丁味噌，最適合切成小塊直接當做下酒菜享用。

夏天的時候，用充足的油拌炒生薑、青椒、茄子、紫蘇，在正中央放入八丁味噌再淋上少量的酒。母親經常製作這一道菜，做給夏天經常喝不完味噌湯的我們吃。

味道強烈的八丁味噌非常適合搭配野味，也可以用來代替多明格拉斯醬。用紅酒燉煮牛頰肉時，可以用一點泡盛去除肉的騷味，起鍋前再加一點八丁味噌更美味。當然與牛尾也很搭配。侯布雄看到我使用八丁味噌的方式，說了一句：

「Perfect!」（完美）。

八丁味噌與烤雞串也很搭配。為什麼烤雞串的餐廳沒有發現八丁味噌醬的美味，這一點讓我感到不可思議。將八丁味噌加進烤雞串的醬汁裡，起鍋前塗一點就非常美味。

也許有人會覺得小題大作，但有如此想法者，是否知道某種吃法與你「生存的難易度」息息相關。

無論哪個國家都有讓人起死回生的飲食方式

無論哪個國家都有**讓人起死回生的飲食方式**。隨著地球環境的變化，帶著敬畏之心學習這些飲食方式，與是否容易生存息息相關。

例如西班牙冷湯就是一道值得學習的夏日湯品，此外還有一道我在西班牙人的家裡學會的「sopa de ajo」（大蒜湯），也非常適合盛夏飲用。

既然日本的夏天已經變得如此酷熱難以忍受，就必須學習熱帶地區的智慧，攝取這些食物。我最近都是喝這個大蒜湯度過夏日。

下面介紹做法。重點在於將大蒜炒至上色但不能炒焦，雖說是「炒」，但不需要攪拌，只需要用橄欖油煎大蒜的正反兩面即可。

鍋裡放入雞高湯、洋蔥、紅蘿蔔、西洋芹、歐芹的莖、月桂葉、白色胡椒粒，靜靜熬煮二十分鐘。用瀝水網過濾之後加鹽調味，做成湯（材料的分量請參照二〇六頁）。

大蒜切成三公厘的薄片。材質厚的鍋裡加入較多的橄欖油和大蒜，開小火慢慢逼出香氣，等到大蒜上色後取出大蒜。我會用炒過大蒜的橄欖油鍋煎新潟縣的平押麩。西班牙人會將變硬的麵包放進湯裡，但日本有蛋白質豐富且脂肪少的麩，尤其是平押麩與湯品非常搭配。將麩用水泡軟，擠乾後切成容易入口的大小，再用橄欖油煎正反兩面。當然，和西班牙正宗一樣使用變硬的麵包也可以。

將大蒜和麩放進湯裡，稍微熬煮五分鐘，讓味道更融合。加入打散的蛋也很美味。

德國的黑麵包也可以算是讓人起死回生的食物。

以前，為了了解有機生產的場所和市場的關係，我曾造訪德國。據說風土環境嚴苛的德國不容易栽種出優質的小麥，經過反覆嘗試好不容易做出以大麥粉為主體的美味麵包。小麥的改良直到一九六〇年德國復興之後才有進展。德國美味的黑麵包是德意志民族毅力和努力的積累，據說在吃很多黑麵包的時代，只需要攝取少量的肉就足夠了。

法國布列塔尼地方名為「Kig ha farz」的傳統料理，使用蕎麥粉製作，其他地方找不到類似的料理。將加水溶化的蕎麥粉放進小麻布袋裡，放進加了蔬菜和肉的湯中開火加熱，連同蔬菜和肉一起食用，是一道非常有趣的料理。調查布列塔尼的飲食生活發現，在以蕎麥粉為主食的時代，或是現在以鄉土料理為主的人們，其實吃的肉很少。

就像這樣，誕生於各民族生存之道上的料理，在地球環境不斷變化的現在，有許多值得從中學習的地方。

當然，也請大家關心日本的料理和食材。例如蕗蕎。我總認為，蕗蕎的好不能被埋沒，日本應更多多將蕗蕎推向全世界。尤其是擁有香腸文化的地方，我希望全世界喜歡吃香腸的人都能嘗嘗蕗蕎。甜醋醃蕗蕎是醬菜的一種，而我認為沒有其他醬菜可以與蕗蕎匹敵。

另外還有煎茶和抹茶。茶不僅能讓人放鬆，更有助於集中注意力。禪寺的和尚們重視的食材都有其意義。乾香菇也是一樣。請大家一定要好好珍惜。

在科雷希多島的經驗

有一件令我難以忘懷的事發生在二次大戰前。

在我滿七十五歲時，我曾造訪菲律賓呂宋島南部的科雷希多島（Corregidor），這座島是太平洋戰爭當中戰況最激烈的地方。

在美軍基地的遺跡裡竟然看到秘密游泳池。在五座網球場之下儲蓄了大量的水。我感到非常驚訝。

過去日軍在這個水資源貧瘠的地區靠的是露水過活，但對手竟然有游泳池。如何保衛軍隊的生命？在面臨緊要關頭時，兩國的準備竟然如此大不相同。

這也讓我再度認識到「這是一場不該打的仗」。

昭和十九（一九四四年）年六月，我有緣為遠赴南方戰地的軍隊送行。我忘不了他們走出軍舍時的裝扮。揹著網袋代替背囊，提著好像牛蒡一般的木棍代替劍，穿著分趾鞋代替軍靴。當時戰敗色彩濃厚，士兵們都沒有精神，看起來非常渺小。老實說，我當時覺得這場戰爭已經與之前不同。

大家知道戰死的年輕人當中，有幾成是因為戰鬥而死呢？

僅三成，剩下的七成都是餓死。軍部愚蠢的作戰讓二百三十萬的年輕人喪失了性命。當時沒有一個人認為失去生命也沒關係，每個人都不想死。

日本憲法第九條（譯註：主要內容包括放棄戰爭、不維持戰力、不擁有交戰權）的代價是二百三十萬條想活卻死去的年輕生命。

戰爭會讓為了守護「食」所做出的一切努力和積累，在一瞬間化為烏有。

請大家牢牢記住這一點。

歷史的巨大轉折點

十幾年前，無論是世界或日本都進入比之前的戰爭時更不容易生存的時代。從嚴重的環境問題到核災事故，社會學家見田宗介先生將各種危機不斷出現的現狀視之為人類歷史的巨大轉折。人類過去曾經歷爆發式成長期的轉折，然而，近年的狀況顯示人類進入減速期，我們現在正處於「第二個轉折點」。

見田宗介先生認為，這個時候我們需要別出心裁，創造出不同於過去視經濟成長為最重要的價值觀和想法。

我們現在再度面臨人類居住的世界是地球這個有限空間與時間的事實。為了正視這個事實，跨越人類歷史的第二個轉折點，確立生存價值觀和社會系統的工作，不敢說七百年，但至少需要花費一百年的時間。然而，我認為這是開創新局、令人雀躍的課題。（〈見田宗介訪談　歷史的巨大轉折點〉，《朝日新聞》二〇一五年五月十九日早報）

如果將見田宗介先生所說的「跨越人類歷史的第二個轉折點」轉換為日常小事的實踐，也許與迎擊緊要關頭的決心有相通之處。為此要如何累積各種別出心裁的巧思？選擇什麼？如何烹調？如何飲食？

希望每一個人都能試著回答這個「令人雀躍的課題」。

第五章

培養仁慈之心

湯品熱氣的
另一端所看到的東西

凱羅斯會的目的

最後一章我想傳遞給大家的是仁慈之心。無論如何磨練感應力或直覺，如果沒有仁慈之心，則無法成就生命。

「仁慈」的語源來自於追悼已逝之人，憂傷的樣子，想必愛與哀密不可分。恩師加藤正之先生教導我包括湯品在內的法國料理長達十三年，而我擁有八年照護父親的經驗，抱著「分享福份」的心態，我於一九九五年開始教大家如何製作湯品。

至今為止，我接觸了為數眾多的學生，為了確保在我不在之後，湯品教室依舊能夠正確地存續下去，於是在二〇〇九年創立了與學生們的同學會。

這個同學會的名稱為「凱羅斯會」。

「凱羅斯」（Kairos）這個詞彙起源於希臘語。希臘人以兩種方式看待「時」：一是「可以測量的時間」，另一則是「超越測量的質與量的時間」。前者稱作

「Chronos」，後者稱作「Kairos」。Chronos 是從過去到未來，以一定的速度朝著一定的方向機械式流動的時間；Kairos 是將瞬間留在永遠，屬於內在和主觀的時間。

也許有人會覺得艱澀難懂。簡單來說，名為「Chronos」的時間可以用時鐘衡量，每天單調地流動。如果當中發生重要的事情，停住了 Chronos 的流動，這個瞬間成為無法取代的時間，對我們而言成為永難忘懷的時間，這就是「Kairos」。

在這個紛擾的世上，平靜心靈，為對方著想，用心製作湯品的時間，我認為是「Kairos」。

根據這個場所、這個時間、這個對象，尤其是這個「志向」，孕育出有可能列入「永遠」這個次元的時間。

我懷抱這樣的想法為這個同學會命名。

凱羅斯會的目標、目的以及方法都是仁慈。

就算是手的一個動作，如果沒有仁慈之心，也無法製作出美味的湯品。

不僅是湯品，希望大家能夠思索究竟什麼是仁慈，同時也希望大家能夠努力體現仁慈。

我希望透過這個同學會為社會創造並培育仁慈的風氣。

用蔬菜高湯抵抗胃癌

我有一名學生的家人接受了胃癌的手術，大手術過後，他悉心照看家人。手術切除了大部分的胃，手術後非常辛苦。徒弟在家人手術後多年這樣說道：

「全賴老師教的蔬菜高湯與疾病奮鬥。正因為有了這道湯品，我才能夠一步也不退縮地面對丈夫的疾病。」

蔬菜高湯是用馬鈴薯、洋蔥、紅蘿蔔、西洋芹慢慢熬煮而成，是一道慢慢品嘗蔬菜滋味的煎湯。我將這些蔬菜加入天然昆布和日本國產原木乾香菇、酸梅籽、沖繩的鹽、月桂葉、白胡椒粒熬煮。

除了重症病患之外，這道湯也非常適合酒後飲用，有助於緩解酒毒。

第二章介紹了竹內教授所說「感應的『應』指的是透過具體的行為表現」。如同慢慢熬煮蔬菜高湯，愛伴隨的是具體的行為表現，不是口頭說愛就能培育愛。愛存在於人與人「之間」而非「當中」，如果不能隨時增添新的柴火，則無法培育愛。

每天的料理是伴隨行動的愛之型態，也是仁慈的具體表現。

讓生病的孩子喝法式家常濃湯

仁慈的基本在於「深化生命的程度」。

我寫過這樣的文章：

我深信，湯菜和湯品對人從接受生命開始直到完成生命為止的過程有很大

的幫助，尤其有助於善終。我希望這本書有朝一日能為日本的住院餐做出貢獻。（《為了你——支撐生命的湯》前言）

願望只要一直堅持就會成真。四年後的二〇〇六年，在東京聖路加國際醫院細谷亮太醫師的理解之下，終於有機會在兒童醫療大樓提供湯品。

我準備的是「法式家常濃湯」（potage bonne femme），將洋蔥、紅蘿蔔、西洋芹、馬鈴薯與雞高湯和牛奶熬煮成一碗濃稠的湯。「bonne femme」代表的是「好女人」。無論是年幼的孩童或是年長者，溫和守護因病衰弱的身體，是一道在人生各種場面都能夠保護我們的「萬能湯」。

住院的孩童許多都患有嚴重的疾病。然而，無論是坐在輪椅上的孩子或是掛著點滴的孩子，在我們供餐前就非常雀躍期待，每個孩子臉上的表情都非常生動，將我們端出的湯品吃得一乾二淨。我們也請照顧孩子的護士品嘗，看到他們的笑容比什麼都值得。

提供住院病患的四種湯品

同樣是二〇〇六年八月，我造訪了高知。

起因是近森醫院副院長北村隆彥醫師寫給我的一封信。

北村醫師在醫院工作的朋友罹患重病而沒有食慾，據說他就是在這個時候看到我所寫有關湯品的書。他看到書中介紹的「紅蘿蔔濃湯」，於是請交好的飯店廚師幫忙製作，他的朋友很開心地喝下這碗湯。北村醫師因此來信希望能夠提供我的湯品給住院的病患品嘗。

我立刻在高知皇宮飯店大廚田中秀典（當時）的協助之下，製作了四種湯品。紅蘿蔔濃湯、茄子和大麥湯、糙米湯、香菇湯。

根據住院病患的病情提供適當的湯品，在與醫院工作人員商討之後，決定製作這四種湯品。

四種湯的共通之處是富含鋅。鋅是提升免疫力、癒合傷口的重要成分，是維持人類生命不可或缺的成分。鋅是體內的微量元素，如果攝取量不足，則會引發味覺異常等令人頭痛的症狀。

另外，紅蘿蔔濃湯含有豐富的維生素，香菇湯則富含活化身體的鉀，最適合傷病者和高齡者品嘗。

之後，我在近森醫院和田中大廚根據季節提供住院病患不同的湯品。超越營養學的角度，我認為提供病患美味的湯品，是維護人類尊嚴的人道行為。如果沒有仁慈之心，想必很難做到。

提供給邁向生命終點的人的湯品

二年後，我收到「希望提供接受緩和醫療的病患湯品」的邀請。二〇〇八年九月，滋賀縣彥根市立醫院的田村祐樹先生成為召集人，為從事緩和醫療的醫護人員進行湯品的講習。這麼多的醫院相關人員齊聚一堂學習如何製作湯品，這對我來說也是第一次的經驗。

一開始，田村先生如此說道：

「我在緩和醫療大樓深刻感受到，如果那一天病患能進食一口、兩口，這對他們而言是多麼大的力量。中午一口、晚上一口。如果這一口是老師的『生命湯品』，想必可以在幸福中度過每一天。因為這樣的想法才能走到今天。」

神會做出許多不可思議的事。我過去經常許願「希望為醫院提供湯品」，卻由於醫院的各種規範而無法實現。但聖路加國際醫院和近森醫院為我實現了提供湯品服務的願望，也因此受到從事緩和醫療的醫護相關人員的注意。僅靠人類的安排想必無法實現。

這時，在我介紹糙米湯之前，首先端出三種茶：洋甘菊、問荊、枇杷茶。洋甘菊有助安眠；問荊具有抑制皮膚濕疹等的效果，據說對花粉症也有幫助；枇杷可以預防感冒和消除疲勞。之後我端出了粥和搭配的配菜。

粥也是濃湯的一種。在醫院提供的時候，只要有好的湯或粥等主食，搭配「酸梅醬」「鰹魚鬆」「味噌醃蛋黃」等小菜就足夠了。

只要有湯，就可以告別碎食或糊餐膳食。在吃不下任何東西的時候，每天喝四杯糙米湯，再喝一點抹茶就足夠。據說十公克的抹茶可與百公克的綠色蔬菜匹敵，只要用抹茶代替蔬菜，也可以預防褥瘡。

關於在緩和醫療大樓所提供的流質和半流質食物，可以分成下列五類：

1. 餵水的方式
2. 茶的種類
3. 煎湯的種類
4. 粥的種類
5. 濃稠湯品的種類

煎湯包括糙米湯、香菇湯、蔬菜高湯、第一道高湯、雞高湯、牛肉高湯、貝類高湯。

粥的種類包括白粥、季節粥、燕麥粥、超級麥片、酒釀。

濃稠湯品的種類包括法式家常濃湯、紅蘿蔔濃湯、青菜濃湯（綠色蔬菜、西洋菜、小蕪菁、小松菜）、西洋芹濃湯、白花椰菜濃湯。

是否能為生病的人準備這些東西？想必取決於有多少的仁慈之心。

最後的一口要吃什麼

當時，田村先生說了下列這一段話。

據說有一名病患在癌症末期引發腸阻塞，點滴加入類固醇，拔掉了尿管。病患問道：「什麼都可以吃嗎？」當聽到「什麼都可以吃」的回答之後，該名病患說道：「我想吃鮒壽司（譯註：鮒魚醃漬發酵製成的壽司）。」田村先生於是真的拿出鮒壽司，該名病患早中晚吃了三次鮒壽司。結果，原本的浮腫消失，也可以排便，甚至恢復到獲得可以暫時返家休養的許可。

真是不可思議，食物與生命的關係。從事緩和醫療的所有人都統一口徑如此說道。

就算是吃不下東西的病患，如果是以前吃過的懷念滋味就可以吃得下。我們總是會推薦病人吃營養學上認為是好的東西，但這個例子讓我重新認識「食物的偏好、味道，是屬於個人的領域」。

其他的醫生也如此說道：

「食物擁有許多從營養的角度所不能測量的層面。擁有引發人們心中迴響、帶來感動的要素。」

最後的一口要吃什麼？

緩和醫療、安寧療護大樓裡住的是至今為止與各種抗癌藥劑和手術對抗的病患。取消飲食限制，「什麼都可以吃」。大家一開始雖然感到困惑，但漸漸變得**任性**起來。

飲食是最簡單可以任性的領域，因為任性，照護方也能夠下功夫，據說照護和接受照護雙方因此能夠建立起良好的關係。

據說大部分的病患都喜歡重口味的東西。有人說想吃拉麵、有人想喝滷肉的湯汁、也有人希望直到最後都維持正常的飲食而想喝味噌湯等。

提供病患在人生的道路上覺得最「美味」的東西，讓他慢慢品嘗，我認為這是再好不過的事。即使如此，想必食欲還是會慢慢減退，身體漸漸地不想要食物。這時能夠**讓生命回頭**的就是湯品所扮演的角色。

多次有人跟我說，幾乎什麼都吃不下的人可以喝得下糙米湯。糙米、昆布、酸梅，糙米湯的材料本身就是風土。比起病患本身，細胞更需要這些東西。

細胞所追求的美味是將生命帶往更好的方向。我認為終極的美味是讓細胞開心的食物。

照護和接受照護的人可以一起品嘗美味。這樣的時間不就正是生命的共享嗎？

用嘴巴吃所代表的意義：從照護第一線看起

川嶋綠老師長時間站在照護第一線，二〇〇七年獲頒南丁格爾紀念獎章。我曾有幸與川嶋老師對談，當時老師如此說道：

醫學上將重點放在營養素和卡路里上，認為什麼東西必須攝取多少公克才有意義。然而，根據我長久以來的經驗，就算營養學上完全沒有價值的飲食，根據攝取人過去的經歷，如果吃進的是對他有意義的食物，則會產生巨大的意義……

就算是一口湯也好。從嘴巴吃東西進肚裡，這與免疫力有密切的關係。照護不是打針、吃藥、做手術，而是讓病患發揮自己原有的力量。因此，在提升自然治癒能力的這一層意義之下，用自己的嘴巴吃東西是最好的事。（《食與生命》）

現代醫學在面對進食困難的重症病患時，大多依靠點滴或「胃造口」。但根據川嶋老師所言，最重要的還是「從嘴巴進食」。

在這場對談中我提到了照護父親的經驗，川嶋老師誇獎我「真不簡單」。開始是我不想僅餵食液體給因腦中風療養中的父親，而是希望他能夠咀嚼品嘗食物的味道。

我會先將父親扶起身，充分按摩喉嚨之後，將切成一口大小的哈密瓜用紗布包起來，讓他含在嘴裡。父親露出滿足的表情，細細品嘗果汁。接下來是牛排，牛肉快速煮熟後滴一點醬油，再用紗布包起來讓父親吃，他非常高興地用力咀嚼，享受滿口的肉汁。用紗布包起來是為了不用擔心他會噎到。

正因為我有過這樣的經驗，因此聽到川嶋老師說「用自己的嘴巴吃東西是最好的事」，我深有同感。

吃東西是人類之所以是人類的根本活動。

醫院會提供糊餐膳食。主食是主食、蔬菜是蔬菜、肉是肉，如果分開打成泥狀那還好，但醫院的糊餐膳食全部混在一起。也許是因為營養學的計算不變，混在一起效率更高。然而，這樣的東西不可能好吃，不好吃的東西就算吃下肚，也無法撫育這個人的生命。

就算是嬰兒也知道什麼好吃，什麼不好吃。就算說不出口，就算在任何的情況之下，我認為提供讓人容易下嚥的美味食品是最大的仁慈。

支撐宮崎一惠生命的東西

在創建凱羅斯會後不久，住在專治漢生病的國立療養院「長島愛生園」（岡山縣瀨戶內市）的宮崎一惠（かづゑ）女士寫了一封信給我。內容寫道數年前她看到我在電視節目中介紹湯品，之後她持續製作湯品給同樣住在療養院的重病好友品嘗。

宮崎女士也出現在河邑厚德導演製作的電影《上天的水滴——辰巳芳子「生

命的湯品」》當中，也許有人看過這部電影。

宮崎女士自從十歲住進療養院起便與好友Toyo共同度過每一天，據說Toyo因為漢生病的症狀擴散至喉嚨，三十多歲時只能切開氣管，插入管狀的醫療器具。癌細胞進一步侵入鼻子，到了七十多歲時已經無法吃固體食物。

宮崎女士以電視節目的食譜為靈感採買蔬菜，用冷凍庫裡有的雞翅和昆布熬煮高湯，加入蔬菜煮至軟爛後放進果汁機裡，加牛奶和奶油製成濃湯讓Toyo女士品嘗。信中寫道拿給Toyo女士後，她很高興地喝下。

宮崎女士本身也因病截去單邊膝蓋以下的腿，也失去手指尖。即使如此，在同年的好友於七十八歲病亡為止的半年間，每天忘我地為她製作湯品。

希望大家一定要閱讀宮崎女士的著作《長路》，尤其是記述她十歲離開家人之前每一日的章節〈在出生的村莊〉，我受到深深的感動。不知該怎麼說，在閱讀這個章節的文章時，會變得憐惜生命，或許能從中找出關於「生」的答案。

在這個章節中，宮崎女士用自然的筆觸記述幼年的回憶，她的爺爺奶奶每個季節所準備的美味食物，以及家中自製的醬菜和味噌都彷彿浮現在讀者眼前。我們從中也可以知道，這些不僅是她的心靈糧食，更為她創造了強大的生命力。正因如此，就算在艱難痛苦的時候，也能夠不屈服地活下去。

建立宮崎女士生命基礎的是她在十歲之前吃的家常飯。我認為如果她對食物漠不關心，恐怕無法忍受各種困難。

希望提供將逝之人美味的原因

「食」真正的意義不僅在於食物是生命不可或缺的東西，更在於「生物層次的人成為人，或是想要成為人」。

即將逝去的人，他們的生命開始傾斜。製作食物的人，他們的生命會隨著做好的食物，傳遞到即將安息的每個細胞角落，成為一體。

我認為這就是為什麼我希望提供將逝之人美味的原因。

我最希望以料理為志向的人和以料理為職業的人能夠體會的就是這一點。我希望你們能夠每天帶著一顆全新的心，確實面對品嘗自己料理的人的生命。不是追求稀奇的美味，而是賭上自己的性命保守對方的生命。

「只有生命能夠救贖生命。

湯品教會了我們這一點」。

愛的希望就在鍋中

湯品存在於人類的生存之道上。不是小吃店也不是餐廳，而是存在於家庭的中心。這也是我堅持製作湯品的原點。

請大家想像人類第一次拿到鍋子的場景。他們得到鍋子，將珍貴的蔬菜、豆子、肉塊、骨頭、鹽放入加熱。取出鍋中熬煮好的東西品嘗，舀起裡面的湯汁，等到快吃完的時候再加入新的食材和水，隨時加熱。年長者喝湯，幼兒吃鍋底煮爛的蔬菜。

想必這是最開始的原型，之後不斷地精進。鍋子又厚又重，火力因為是柴火而溫和，食材也都是天然的東西，具備了一切讓湯品更美味的條件。

無論男女，他們知道只要好好吃東西就能長壽，因此出動全家族張羅與吃相關的事情。

西洋家常料理蔬菜燉肉鍋（pot-au-feu）就是類似的概念。「pot-au-feu」在法語代表「放在火上的大鍋」的意思。俄羅斯的羅宋湯（barszcz）、西班牙的雜燴肉菜鍋（cocido）都是類似的概念。如果與日本的爐端燒重疊思考，想必西洋的湯品也會備感親切。

請大家在家裡的正中央放一口鍋子，在同一個屋簷下製作蔬菜燉肉鍋、根莖蔬菜湯、關東煮、燉雞肉等。

愛的希望就在鍋中。

幸田文先生「脫帽致敬」的粥茶碗蒸

前一章提到，希望大家在家裡烹煮「蒸」的料理。蒸蔬菜搭配香菇湯，希望再加一道蒸蛋料理。

大家知道「無罪的味道」這個用來形容味道的說法嗎？指的是「溫和、容易接受」的味道。蛋本身就是「無罪的味道」，如果將蛋的蛋白質經過蒸這個間接加熱的手法處理，可說是最自然「無罪的味道」的代表。這樣的味道貼近斷奶、重病、過勞的人，撫育我們的心靈和身體。

請大家積極學習，無論何時或處於何種情況之下，都要會製作蒸蛋料理。

在寒冷的季節裡，我會將熱騰騰的茶碗蒸放在木碟上享用。但從初夏開始，可以減少蛋液的量，在茶碗蒸冷卻之後，淋上薄欠的葛水或葛羹，或是充分冷卻後淋上清湯享用。

「粥茶碗蒸」一開始是我做給父母享用的宵夜。用陶土鍋炊煮而成的粥又飽滿又香，取三至四大匙鋪在茶碗的底部，倒入蛋液後蒸煮。

如此簡單的料理卻有說不出的好滋味，甚至受到大名鼎鼎的幸田文先生（譯註：日本文豪）「脫帽致敬」的盛讚。如今回想起來，想必是因為父母的愛，才有這道溫暖料理的誕生。

這道料理本身代表的就是家庭的珍貴。希望從事服務業或醫院營養師的人，有一天也能想出這樣的料理。

回答「什麼都有」的母親

之所以能夠想出粥茶碗蒸，也是因為母親隨時考慮到父親。

母親每天在吃午飯時總是絞盡腦汁想著：「今天晚上要做什麼給你父親吃。」在公司上班的父親回到家看到母親的第一句話就是問：「今天晚上吃什麼？」母親不假思索地回答：「什麼都有。」

當然不可能什麼都有，這是母親「什麼都願意做給你吃」的真情表現。

在父親去世前夕，母親每日前往醫院探病，有一天回家後說道：

「我已用盡全身之力。」

母親不經意地說出這句話。回想自從父親生病以來，母親全心奉獻照護父親。「我接下來的工作是讓你父親不害怕死亡」，母親是以這樣的決心過著每一天，想必她一直以來都在勉強自己。

全心奉獻，就算用盡全身之力也沒關係。得到父親這般的男性做為伴侶，也許是值得羨慕的事，但對父親而言，與母親的相遇也像是一場奇蹟。

兩人互為對方著想的心直到臨死之前都不曾減弱。

「人生要簡單」的父親

下面再多說一些關於我父母的事。

青梅竹馬的兩人在經過一場大戀愛後結婚，於一九二四年十二月一日生下我。父親在早稻田大學是橄欖球和划艇的正式選手，是一名運動員。父親和母親住得很近，因此每天都會見面，是互稱「芳雄哥哥」和「小濱」的關係。

父親於隅田川出賽的時候，母親一定去觀賽。我彷彿可以看到母親追著父親的船，穿著袴（譯註：褲裝和服的一種，行走較方便）奔跑的樣子。父親將划艇優勝的獎牌送給母親，母親將獎牌做成胸針，珍惜了一輩子。

父親的座右銘是「人生要簡單」。他是一個對於金錢或地位等完全沒有欲望的人。

父親畢業後就職於大成建設，年輕時建造了淺草至上野的地下鐵，這是日本第一條地下鐵。父親每次都說「我去現場看看」之後出門，讓我以為父親在一個叫做「現場」的地方工作。

每當有人因為地下鐵的工程而受傷，父親當天就不會回家。

另外，當時沒有機械和工具，從頭到尾都是用手挖掘。過程中經常有人受傷，甚至因此開設了一間外科醫院。

作者 40 歲時，與父親芳雄先生和母親濱子女士合照

父親是站在第一線的人，他珍惜一起工作的團隊，也經常帶他們回家品嘗母親親手做的料理。母親也在此機緣之下，成為大家熟知的料理研究家，但這並非母親當初所希望的結果。

我之前也寫過，母親很討厭被稱作「料理研究家」。我記得母親經常說：「我是家庭主婦。家庭主婦是最棒的管理工作。」

姑且不論這一點，對父親

而言，同事是一同賭上性命工作的重要夥伴，無可取代。因此只要一起去居酒屋，父親一定會請他們喝一杯。

也是因為這樣，父親總是沒辦法將獎金交給母親。如果母親問道：「沒有發獎金嗎？」父親就會回答：「地鐵建好之前沒有獎金。」由於母親不安地看了看錢包，也讓我感到一陣心酸。

送鰹魚鬆給人在戰場的父親

父親在日中戰爭中受徵召加入近衛步兵連隊。

這時母親非常希望能在出征的父親胸前別上菊花。然而，不可能只有父親別菊花。她於是收集大朵的菊花裝進木箱裡，送給不知是小隊還是分隊的所有人。

彈匣上插著菊花，據說只有父親的隊伍散發菊花的香氣，從神田走到品川。從召集令送達到出征為止應該不到五天的時間，但母親還是辦到了。

父親經常從戰地寫信回來，有一天他在信中寫道：「想吃蕎麥麵。」寄送乾麵、海苔、七味粉到戰場並不困難。然而，想寄送蕎麥麵的醬汁就很困難。母親於是買了多條鰹魚乾，努力地削成薄片。她將堆積如山的鰹魚片拌炒之後磨成粉末，再用酒、味醂、醬油調成較重的口味製成「鰹魚鬆」。

只要在鰹魚鬆裡加入熱水，馬上就可以成為醬汁。母親將足夠全隊分享的鰹魚鬆、乾麵、海苔、七味粉裝進木箱裡，拿到位於九段的近衛步兵第一連隊總部。真不知道她當時叫車的錢從哪裡來，木箱究竟怎麼運進連隊大門，至今回想起來還是覺得不可思議。

中國也有蔥。據說當蕎麥麵和醬汁的材料送達時，小隊所有人都發出歡呼之聲。食物的真相就在這些真相之中。

最辛苦的是在太平洋戰爭快結束時。在大戰結束之前，父親在公司的要求之下前往滿洲，父親就是在那裡迎接大戰結束。

這可是一件非常不容易的事。可以工作的男子都被當時的蘇聯帶走，只留下妻子和孩子。

父親因為知道戰爭國軍隊的想法，因此想保護女性和孩子。最後，父親帶著四百三十人，乘坐敞車從奉天回到舞鶴。父親曾說「回來路上照顧大家的大小便」，想必是歷經千辛萬苦，當時的父親四十多歲。為何沒有多聽父親講述當時的辛苦經歷，我到現在都還很後悔。

父親不是一個輕吐辛勞的人。

只要有戰爭，男人的人生就會變得很辛苦。當然，女人和孩子也一樣。

退一步看見的東西

下面談談我生病長達十五年的日子。

戰後，我走上幼兒教育的道路。我就職於國立教育研究所的實驗保育室，但在那裡染上結核病。之後一度恢復健康，進入慶應義塾大學心理學系就讀，但入學第一年再度復發，不得不放棄成為學者的道路。這是我二十五歲時發生的事。

之前也提到我是在四十歲的時候才能下床。從二十五歲到四十歲期間，原本應該是人生中最充實、能夠做最多事的時期。然而，我卻被迫無所作為。

說到我這段時期的朋友，那就是書。尤其我反覆閱讀維克多．法蘭克（Viktor Emil Frankl）《意義的呼喚》多次。內容描述被放逐於非所願的奧斯威辛集中營，在各種困難與煩惱中存活的人們。

法蘭克博士從深層心理學的角度觀察並理解這樣的狀況，他對人生的態度鼓勵了被疾病束縛的我。

在這樣的日子裡，我養成深入閱讀的習慣。

我原本在大學攻讀的實驗心理學，是往返物理學和生理學之間的學問，將人類視為生物，實驗觀察條件會如何影響人類。我也因此養成從客觀的角度看待人類的習慣。

對這樣的我而言，法國生物學家亞歷克西．卡雷爾（Alexis Carrel）的《未了知之人類》是讓我能夠退一步觀察自己，帶給我普遍性見解的重要書籍。

另外，我也在二十多歲時閱讀了卡雷爾的弟子保羅・索夏爾（Paul Chauchard）所著的《道德與生理》。對我而言，當時最大的課題是寬恕他人。僅靠宗教和自我提醒還是很難，正當我對自己的不寬容感到煩惱時，遇到了《道德與生理》這本書。

索夏爾在這本書中提到人類這種生物如何受到環境的影響。無論是誰，如果在相同的環境與條件之下出生成長，也許會採取相同的行動，也或許會犯下同樣的罪。如果是這樣的話，就必須寬恕他人。對人的罪過和缺點也因此變得寬大。

對自己也相同。如果能夠退一步看待自己，就不會成為**陷入漩渦之中的人**。在我對抗疾病的時候也相同，不需要太著急，做好自己必須做的事，慢慢度過每一天。

生病的日子也不全是壞事。正因為有那十五年我才能活到現在，才能夠教大家料理和湯品。

無論是喜是悲都讓它從眼前經過

九十二年間，我經歷了各種大小事。開心的事、悲傷的事，各式各樣，但我完全不曾得意忘形或是怨天尤人失去自我。

一路走來，我都是抱持「從眼前經過」的態度。

我在其他著作也有提到，這也許是血統使然。辰巳家擁有的是武士的血液。

武士之家，就算是女子也不能驚慌失措。每一代都累積這樣的訓練，充分鍛鍊我們的身心。日常生活中也不鬆懈，無論發生什麼事都能冷靜面對。如果做不到，想必無法擔當武士之妻或武士之母的大任。因此，生於武士之家的人男女平等，都擁有武士的精神。

也許因為如此，我無論在何處與何人見面，都不曾在人前畏縮，也不會驚慌失措。在二千人的面前演講時，事前我都會用心準備，結束之後會感到特別疲憊。然而，我不曾緊張或是腦筋一片空白。

現在自己必須做的事情是什麼？我隨時都在思考這個問題。做的時候全心全意，僅是如此而已。我不曾期待受到別人的稱讚。

也許有人會認為「從眼前經過」的淡然態度很無趣，但面對總有一天會到來的死亡，從根本做好心理準備，確實做好應做的事，每一天認真生活，我認為這是一件非常棒的事。我會這麼想，或許也是因為繼承武士血液的關係。

湯品的另一端

我在湯品教室裡經常告訴大家，請成為能夠為湯品另一端的人著想的人。我希望大家能夠注視湯品熱氣另一端的「仁慈」。

為此，必須鎮靜心靈。慌慌張張無法做出美味的湯。冷靜下來，用平靜的心製作湯品。我希望大家用這樣的態度，成為能夠看到熱氣另一端的人。

因為想看到心愛之人的笑容而選擇當季食材製作湯品和料理。這樣的時間比大家想像的短，在最終之日來臨時，我認為這些都是手中握有的、能夠留下的東西。

希望大家不要浪費每一天，做到真正的幸福。

當電影《天上水滴——辰巳芳子「生命的湯品」》完成時，我寫了一段簡短的文章給前來的觀眾。下面引用幾句為這本小書作結：

所謂生，就是貫徹愛。
貫徹之人，想要貫徹之人，
希望就住在這樣的身影中。

後記

生命與味覺，兩者之間有著密不可分的關係。

看、聽、摸、聞、嘗，我們為什麼會有這五種感覺呢？仔細想想，前面四種感覺也許是為了找到美味的食物，是為了得手美味的食物所做出的準備。這四種感覺是味覺之前的四個步驟。

味覺是為了撫育生命而具備的感覺，是與生命直接相關的「愛的感覺」。

＊

為了撫育生命，我希望大家能夠成為過著容易生存生活的人。

這一點我在本書開頭就已經提過。

那麼，如何能讓生存變得容易呢？什麼會讓生存更容易呢？一言以蔽之：除了「練習」之外別無他法。不充分練習就想蒙混過關，事情可沒有這麼簡單。只有練習能夠拯救人命。

同樣是練習，如果是沒有親力親為且不用心的練習，那沒有任何幫助。另外也需要真正的學習。不是僅擷取方便的部分，而是深入研究事物的本質。

例如米和大豆。關於這兩種無法取代的食材，除了掌握其本質之外，更需要重新以謙虛的態度思考是否應該延續至今為止的飲食方式。尤其是如何才能將大豆這個珍貴的蛋白質留給後世，希望大家能夠認真探討這個問題。

根據事物的本質反覆練習。一切都是從這裡開始。

另外，國際情勢的緊張程度愈演愈烈。接下來水資源不足和糧食不足等不容易生存的狀況想必會愈來愈多。因此，我們更需要做好迎擊緊要關頭的準備。

＊

過去幾乎每天都會出現在我們餐桌上的魚和貝類，最近突然間都捕不到了。想將美味的魚和貝類留給後世也許是一件困難的事。

然而，我們還有米和大豆，同時也有許多為了栽種出優質食材而日夜努力的生產者。

反覆練習，掌握食材的本質，在這樣的基礎之上做出的料理端上桌，母親用愉悅的聲音告訴大家可以開飯了，孩子們也開心回應。

「來吧，請慢慢享用。」

「開動了。」

我誠摯希望這樣的光景能夠一直延續下去。

引用・參考文獻

- 福岡伸一《已經可以放心吃牛了嗎》，文春新書，二〇〇四年
- 竹內修一《生命的視角和食的定位》，上智大學基督教文化研究所紀要30，二〇一二年
- 《Croissant Books 辰巳芳子的向蔬菜學習》，Magazine House，二〇一六年
- 秋月龍珉《解讀道元禪師的典座教訓》，筑摩學藝文庫，二〇一五年
- 福岡伸一、竹內修一、辰巳芳子〈何謂培育生命之心 2〉，《婦人》二〇〇九年六月號
- 竹內修一〈食與生命〉，《Croissant》創刊四十周年紀念特大號，二〇一七年

• 辰巳芳子《辰巳芳子推薦值得購買的真正美味》，料理通信社，一九九六年
• 辰巳芳子《為食而活——我認為重要的事》，新潮社，二〇一五年
• 辰巳濱子《料理歲時記》，中公文庫，一九七七年
• 辰巳芳子《從手到心》，海龍社，二〇〇四年
• 辰巳濱子、辰巳芳子《新版　我傳給女兒的美味　六月～十二月》，文春新書，二〇一五年
• 辰巳芳子《為了你——支撐生命的湯》，文化出版局，二〇〇二年
• 辰巳芳子《續　為了你——粥是日本的濃湯》，文化出版局，二〇一七年
• 見田宗介《社會學入門——人類和社會的未來》，岩波新書，二〇〇六年
• 辰巳芳子《食的定位——開始》，東京書籍，二〇〇八年
• 辰巳芳子《食與生命》，文藝春秋，二〇一二年
• 辰巳芳子《辰巳芳子　淺談湯品——西洋篇》，文春新書，二〇一一年
• 宮崎一惠《長路》，美篶書房，二〇一二年

• 維克多・E・法蘭克著，池田香代子譯《新版　夜與霧》（中文版譯作《意義的呼喚》），美篶書房，二〇〇二年
• 亞歷克西・卡雷爾著，渡部昇一譯《未了知之人類》，三笠書房，一九八〇年
• 保羅・索夏爾著，吉岡修一郎譯《道德與生理》，Collection Que sais-je?（白水社），一九五六年

本書介紹的 3 種湯品和 2 種高湯的材料資訊

●第一道高湯

材料（容易製作的分量）

水……10 杯（2,000ml）

昆布（5cm）…… 10 片

柴魚片（鰹魚）…… 40g

※ 做法請參照 38 頁

●香菇高湯

材料（5 人份）

乾香菇（日本產原木香菇）…… 35~40g

昆布（5cm）…… 3~4 片

日式酸梅籽 …… 2~3 顆（整顆酸梅的話 1 顆）

水 …… 6 杯（1,200ml）

※ 做法請參照 64 頁

●糙米湯

材料（容易製作的分量）

糙米（無農藥、有機栽培）…… 80g

昆布（5cm）…… 2~3 片

日式酸梅 …… 1 顆（酸梅籽的話 3 顆）

水……5 杯（1,000ml）

※ 做法請參照 69~76 頁

●小魚乾高湯

材料（容易製作的分量）

小魚乾（磨成粉）……120g

昆布（5cm）……6 片

乾香菇（日本產原木香菇）……（大）2 片（小的話 4~5 片）

水 ……10 杯（2,000ml）

※ 做法請參照 76-81 頁

●大蒜湯

材料（容易製作的分量）

湯

- 雞高湯
  - 雞精（冷凍雞湯塊／參照右記）……250g
  - 水……1,250ml
- 洋蔥（2mm 薄片）……90g
- 紅蘿蔔（削皮後切成 2mm 圓片）……60g
- 西洋芹（斜切成 2mm 小段）……60g
- 荷蘭芹的莖……適量
- 月桂葉……1 片
- 白胡椒粒……4~5 粒

鹽……1 又 1/2 小匙

大蒜（切成 3mm 薄片）……4~5 瓣

橄欖油……適量

新潟縣的平押麩（或法國麵包切成薄片）……適量

※ 做法請參照 159 頁

下列食材和用具可以上網訂購

貝沼農場的粥（白米和糙米）：貝沼農場
紫大盡（淡口醬油）：大久保釀造店
乾香菇　冬茹：加藤家的乾香菇
琺瑯蒸氣調理鍋 MIMOZA：野田琺瑯
炒過的糙米：櫻工房　加治川
糙米湯組
　煮水壺：野田琺瑯
　炒過的糙米：櫻工房　加治川
雞精（冷凍雞湯）：日本 soup
●以上商品詳情請洽：株式會社茂仁香
電話：0467-24-4088　FAX：0467-24-4388
電子信箱：info@monika.co.jp

琺瑯蒸氣調理鍋 MIMOZA
木鏟
研杵
研缽
●以上商品詳情請洽：株式會社 SD 企劃設計研究所
電話：045-450-5331　FAX：045-450-5332
電子信箱：sdtatumi@a1.rimnet.me.jp
●「大豆 100 粒運動後援會」
FAX：0467-23-8308

＊上列資訊是 2017 年 9 月的聯絡方式

生命與味覺

原書名　いのちと味覚
作者　辰巳芳子
譯者　陳心慧
特約編輯　陳錦輝

出版　積木文化
總編輯　江家華
責任編輯　關天林
版權行政　沈家心
行銷業務　陳紫晴、羅仔伶

發行人　何飛鵬
事業群總經理　謝至平
115台北市南港區昆陽街16號4樓
官方部落格：http://cubepress.com.tw/
電話：02-25000888　傳真：02-25001951
讀者服務信箱：service_cube@hmg.com.tw
發行　英屬蓋曼群島商家庭傳媒股份有限公司城邦分公司
台北市南港區昆陽街16號8樓
讀者服務：02-25007718-9
24小時傳真專線：02-25001990-1
服務時間：週一至週五上午09:30-12:00；下午13:30-17:00
郵撥：19863813 戶名：書虫股份有限公司
網站：城邦讀書花園　網址：www.cite.com.tw
香港發行所　城邦（香港）出版集團有限公司
香港九龍土瓜灣土瓜灣道86號順聯工業大廈6樓A室
電話：852-25086231　傳真：852-25789337
電子信箱：hkcite@biznetvigator.com
馬新發行所　城邦（馬新）出版集團Cite (M) Sdn Bhd
41, Jalan Radin Anum, Bandar Baru Sri Petaling, 57000 Kuala Lumpur, Malaysia.
電話：603-90563833　傳真：603-90576622
email：services@cite.my

封面設計　張瑋芃
內頁排版　薛美惠
製版印刷　中原造像股份有限公司

國家圖書館出版品預行編目(CIP)資料

生命與味覺 / 辰巳芳子著 ; 陳心慧譯. -- 二版. -- 臺北市 : 積木文化出版 : 英屬蓋曼群島商家庭傳媒股份有限公司城邦分公司發行, 2025.05

面；　公分. -- (食之華 ; 33)

譯自 : いのちと味覚
ISBN 978-986-459-672-0(平裝)

1.CST: 飲食 2.CST: 烹飪 3.CST: 文集

427.07　　114003919

城邦讀書花園
www.cite.com.tw

【印刷版】
2025年5月29日　二版一刷
售　價／NT$420元
ISBN 978-986-459-672-0

【電子版】
2025年5月 二版
ISBN 978-986-459-673-7 (EPUB)

Printed in Taiwan.